Dr. Kirsten Häusler &

Barbara Friedrich

HD beim Hund

Ein praktischer Ratgeber für Besitzer

AF721372

KYNOS VERLAG

© 2011 KYNOS VERLAG Dr. Dieter Fleig GmbH
Konrad-Zuse-Straße 3
D-54552 Nerdlen/Daun
www.kynos-verlag.de

Bildnachweis: Alle Bilder Autorinnen außer
S. 11: Sarah Schoter; S. 14: Dr. Tellheim; S. 16: fotolia; S. 19, 26, 54, 91: Viviane Theby;
S. 20, 45: Thorsten Lukaszczyk; S. 27: Rita Lell; S. 55: Antje Hebel
Titelfoto: Kynos Verlag unter Verwendung eins Fotos von Rita Lell

Gedruckt in Lettland

ISBN 978-3-942335-12-6

Mit dem Kauf dieses Buches unterstützen Sie die
Kynos Stiftung Hunde helfen Menschen.
www.kynos-stiftung.de

Das Werk einschließlich aller seiner Teile ist urheberrechtlich geschützt.
Jede Verwertung außerhalb der engen Grenzen des Urheberrechtsgesetzes ist ohne schriftliche Zustimmung des Verlages unzulässig und strafbar. Das gilt insbesondere für Vervielfältigungen, Übersetzungen, Mikroverfilmungen und die Einspeicherung und Verarbeitung in elektronischen Systemen.

Haftungsausschluss
Bitte beachten Sie, dass dieser Ratgeber als Hilfe und unterstützender Leitfaden für Hundebesitzer gedacht ist und keinesfalls als Alternative zu notwendigen ärztlichen oder physiotherapeutischen Untersuchungen und Behandlungen. Bei Zweifeln hinsichtlich des gesundheitlichen Zustands Ihres Hundes wenden Sie sich bitte unbedingt zuerst an einen Tierarzt. Die Autorinnen und der Verlag haben sich um größte Genauigkeit und Fehlerfreiheit bemüht. Sollten dennoch in diesem Buch Fehler oder Ungenauigkeiten enthalten sein, wird jegliche Haftung ausgeschlossen.

Es ist immer gut, das Internet für Recherchen und diverse Foren zur Kommunikation mit anderen Hundebesitzern zu nutzen. Aber befolgen Sie bitte niemals Tipps, Empfehlungen oder Ratschläge, ohne sie zu hinterfragen und zu überprüfen, indem Sie sich mit dem Tierarzt oder der Physiotherapeutin besprechen!

Inhalt

1. HD – Wissen hilft: Schadensbegrenzung und Behandlung

Als ich meinen ersten Welpen erwarb, besuchte ich die Züchterin, sah die Hundemutter und ihren Wurf, befand alles für gut, unterschrieb einen Kaufvertrag, die Züchterin brachte den Winzling zu uns nach Hause, ich bezahlte und war verliebt in die Fellnase. Mich bewegte, wie das wohl klappen werde mit Kindern und Hund, ich dachte an Futter, einen hund- und kindgerechten Hundekorb, an Spielzeug, Gummistiefel und regendichte Kleidung. An Hundekrankheiten oder gar an Erbanlagen dachte ich sicher nicht. Wir hatten Glück, Dago und wir: Er lebte fast fünfzehn glückliche, meist gesunde Jahre mit uns.

Einige Jahre später, der zweite Hund. Im Kaufvertrag stand eine Klausel, die mich verpflichtete, den Hund mit 12 – 14 Monaten röntgen zu lassen und die Aufnahmen einem Gutachter zu senden, um sie auswerten zu lassen.

Wieso? Wegen HD – Hüftgelenksdysplasie? Beide Elterntiere waren HD-frei, und mein Hund war doch gesund! Trotzdem eine Narkose anzetteln? Einfach so? Ich zweifelte.

Heute steht die Klausel in fast jedem Welpen-Kaufvertrag. Und man kann mittlerweile schon sehr viel jüngere Hunde auf HD hin untersuchen. Doch selbst wenn Welpenerwerber im Vorfeld einen bestimmten Betrag bezahlt haben, der ihnen nach der Röntgenuntersuchung rückerstattet wird, unterlassen etliche diesen Gang zum Tierarzt. Viele fragen sich genau wie ich damals, ob man sich und seinem Hund das Ganze wirklich zumuten soll.

Wozu also »das ganze Theater«?

Und was ist, wenn am Ende der Prozedur womöglich eine schlechte Nachricht steht? Wenn es heißt, mein Hund hat eine mittelschwere HD? Oder gar eine schwere? Habe ich nicht ein Recht auf Nicht-Wissen?

Gewiss, niemand kann einen zwingen, etwas zu wissen. Aber wer nicht weiß, kann auch nicht sinnvoll handeln. Wer jedoch frühzeitig weiß, kann vorbeugen und Schlimmes verhindern.

Sehen wir uns die Bedenken an:

Richtig, die Untersuchungen kosten Zeit und Geld. Die Zeit für diese Untersuchung ist jedoch nur ein Bruchteil dessen, was Sie in den nächsten zehn bis fünfzehn Jahren an Zeit mit Ihrem vierbeinigen Gefährten verbringen werden.

Mit den Kosten für die Untersuchung verhält es sich genauso: Gemessen an der Summe, die in den nächsten Jahren für Futter, Tierarztbesuche und anderes anfallen, sind diese Kosten jetzt Peanuts.

Dafür werden Sie aber nach der Untersuchung Ihrem Hund mit Sicherheit nicht aus Unwissenheit durch Fehlbelastung und falsche Ernährung schaden.

Und indem Sie Schaden vermeiden, schonen Sie nicht nur Ihren Hund, sondern auch Ihren Geldbeutel. Denn eine HD mit ihren möglicherweise schlimmen Folgen kann teuer werden. Abgesehen davon entginge dem Hund und Ihnen dabei viel Lebensfreude.

Die Strahlenbelastung ist bei heutigen Röntgengeräten gering.

Die Narkose stellt ein minimales Risiko dar. Wenn Sie jedoch Ihren Hund später wegen einer spürbaren HD behandeln lassen, kommt zum Röntgen für eine saubere Diagnose womöglich noch das Röntgen im Zusammenhang mit einer Operation hinzu.

Der Stress für den Hund? Kein Hund mag den Gang zum Tierarzt. Aber eine HD mit Arthrose als Folge, mit Schmerzen und stark eingeschränkter Bewegung ist schlimmer und erfordert häufigere Tierarztbesuche.

Ich informierte mich damals und ließ mich belehren. Noch heute bin ich froh, dass ich meine Kalypso röntgen und die Aufnahmen auswerten ließ. Im Laufe meiner »Hundejahre« habe ich einige Tiere mit HD gesehen und bin erleichtert, dass wir diesem Problem ausweichen konnten. Der Befund damals, es bestehe bei Kalypso HD-Verdacht, bewegte mich dazu, sehr auf die Ernährung meines Hundes zu achten, regelmäßig das Gewicht zu kontrollieren und beim Bewegen bestimmte Regeln zu beachten. Nicht zuletzt deswegen hatte Kalypso nie klinische Symptome oder HD-Beschwerden. Sie starb fast 14-jährig nach dem zweiten Schlaganfall.

Kalypso wurde trotz HD-Verdachts 14 Jahre alt.

Mit diesem Buch möchten wir Sie zum einen über HD informieren und dringend zu der frühen Untersuchung raten. Wenn Ihnen das Ergebnis vorliegt, können Sie Ihr Leben mit Ihrem Hund entsprechend seiner Gesundheit gestalten, vorbeugend handeln und Ihrem Hund durch Ernährung und therapeutisch sinnvolle Bewegung Leiden ersparen. Zum andern wollen wir Betroffenen Hilfe zur Selbsthilfe geben. Trotz der Diagnose HD dürfen Sie mit Ihrem Hund Sport treiben – aber Sie müssen wissen, worauf Sie unbedingt achten sollten, wie Sie Schaden verhüten und wie helfen können. Freuen Sie sich auf viele gute Jahre mit Ihrem Hund!

2. So viel Anatomie wie nötig - so wenig wie möglich

Wie sieht ein Hüftgelenk aus?

Der Oberschenkelknochen (der Arzt nennt ihn *Femur*) und das Becken *(Pelvis)* sind miteinander durch das Hüftgelenk verbunden.

Das obere Ende des Oberschenkelknochens ist kugelig rund, das ist der Gelenkkopf. Seine Kugelform passt genau in die Gelenkpfanne. Diese Pfanne ist Teil des Hüftknochens; sie ist nicht flach wie das Küchenutensil, sondern gewölbt, sodass die Gelenkkugel sich hineinschmiegt, ohne zu schlackern. Das Hüftgelenk ist ein Kugelgelenk und lässt Bewegungen nicht nur in zwei Richtungen zu (vor – zurück), sondern auch seitwärts. Bindegewebe, verschiedene Bänder und Muskeln umhüllen das Gelenk und halten es zusammen. Diese Umhüllung heißt Gelenk-Kapsel.

Vor der Geburt sind die Knochen und Gelenke knorpelige Knochenkerne. Bei einem Welpen sind sie noch immer weich und daher in Grenzen verformbar. Erst mit zunehmendem Alter werden sie fest – der Arzt spricht von Ossifikation, Verknöcherung. Das bedeutet: Der Körper ersetzt die Knorpelsubstanz an den Wachstumsfugen nach und nach durch Knochensubstanz. Belastung in vernünftigen Grenzen fördert die Ossifikation.

Gelenkkopf und -pfanne sind nicht knochen(!)trocken, sondern mit einer glatten, feuchten und elastischen Knorpelschicht versehen, dem hyalinen Knorpel.

Stellen Sie sich eine Tür vor. Sie lässt sich lautlos öffnen, wenn das Scharnier geschmiert ist. Fehlt die Schmiere, quietscht oder knarrt es, schlimmstenfalls verklemmt womöglich das Scharnier.

Auch das Hüftgelenk muss geschmiert werden. Die Gelenkschmiere (Synovia) eines Körpergelenks entspricht der Schmiere (Graphit, Silikon o. Ä.) im Scharnier. Die Synovia ist eine klare, leicht zähflüssige Körperflüssigkeit, die Feuchtigkeit, Kollagen und anderes enthält. Der Körper bildet sie selbst innerhalb der Gelenkkapsel und sorgt damit für buchstäblich reibungslose, schmerzfreie Beweglichkeit.

Was ist HD?

HD ist die Abkürzung für das unhandliche Wort *Hüftgelenksdysplasie* oder *Hüftdysplasie*. Das Klinische Wörterbuch Pschyrembel bezeichnet eine Dysplasie als »Fehlbildung oder Fehlentwicklung eines Gewebes oder Organs«. Hüftgelenksdysplasie bezeichnet also eine Mangel- oder Fehlentwicklung des Hüftgelenks.

HD gibt es auch bei Menschen. Vielleicht kennen Sie eine Mutter, deren Baby eine Spreizhose tragen muss oder »breit gewickelt« wird, damit die Hüfte in Ordnung kommt.

Was genau ist da nicht in Ordnung?

Bei einer HD passen Gelenkkopf und Gelenkpfanne nicht recht ineinander. Vielleicht ist die Pfanne zu flach oder der Gelenkkopf sitzt aus einem anderen Grund nicht an seinem optimalen Platz. Das Gelenk ist dadurch in seiner Funktion beeinträchtigt.

Die normal kräftige Muskulatur hält Knochen und Gelenkkapsel in ihrer Position. Wenn aber das Bindegewebe, aus dem die Gelenkkapsel besteht, zu schlaff ist, hat das Gelenk trotz der haltenden Muskeln zu viel Spiel, es »schlackert«. Ist überdies die Muskulatur zu schwach, vergrößert das die Instabilität zusätzlich. Das wiederum kann die Nerven erheblich reizen – und höllisch schmerzen.

Zudem nutzt sich der Knorpel ab, wird rau und damit anfällig für weiteren Abrieb. Im Unterschied zu einem Knochen besitzt der Gelenksknorpel keine Blutgefäße, die ihn ernähren. Die Synovia allein reicht jedoch nicht aus, um einen geschädigten Knorpel zu regenerieren. Er vernarbt.

In der Folge schwindet er, schließlich reibt Knochen auf Knochen – und das schmerzt, auch wenn es nur kleine Bereiche sind. Um dem Schmerz auszuweichen, nimmt der Hund verständlicherweise eine Schonhaltung ein, und die wiederum führt dazu, dass manche Muskeln überbeansprucht und andere kaum mehr benutzt werden und sich zurückbilden. Die Folge davon: Das Gelenk »schlackert« noch stärker, und die HD verschlimmert sich. Ein schmerzhafter Teufelskreis.

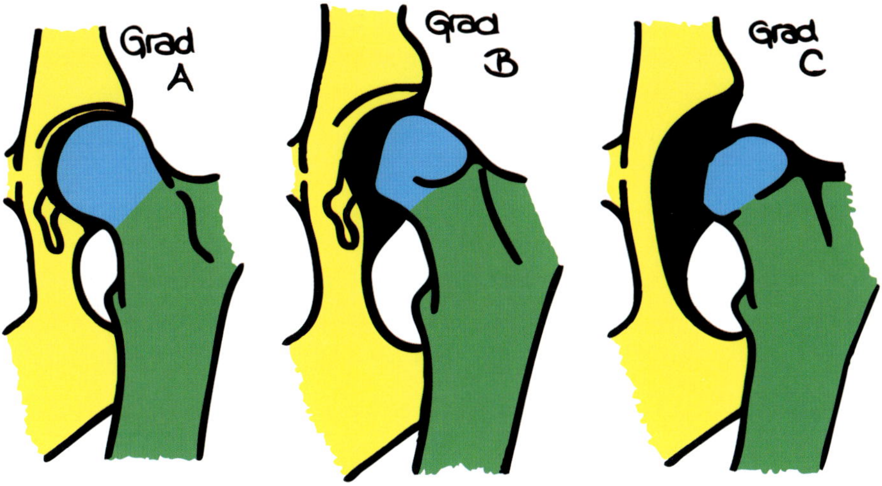

Je schwerer die HD (von links nach rechts), desto lockerer sitzt der Gelenkkopf in der Gelenkpfanne.

Woher kommt die HD?

Die Antwort ist nicht einfach, und Wissenschaftler forschen noch immer nach den Ursachen für die HD und es bleibt festzuhalten, dass unterschiedliche Faktoren zusammenspielen können.

Ist HD eine Erbkrankheit?

Es gibt durchaus Hunde, die eine vielleicht sogar sehr starke Verformung der Gelenkpfanne von einem Elternteil oder gar beiden geerbt haben. Mit solchen Elterntieren darf man nicht züchten, und die meisten Züchter und Zuchtvereine sind natürlich bestrebt, die HD auszumerzen. Doch dazu reicht es nicht aus, nur HD-freie Hunde oder Hunde mit nur geringfügigen Fehlbildungen als Elterntiere auszuwählen. Vererbung ist eine komplizierte Sache, und HD-freie Elterntiere können durchaus eine Prädisposition vererben. Prädisposition bezeichnet eine gewisse Empfänglichkeit für eine Krankheit oder Fehlbildung, eine genetisch bedingte Neigung, diese unter bestimmten Umständen tatsächlich zu bekommen. Leider sieht man sie nicht am Röntgenschirm. Fragen Sie beim Züchter nach Zuchtbucheinträgen.

Um die Verbreitung der HD einzugrenzen, muss man sehr viele Daten sammeln, also sehr viele Nachkommen beurteilen, die Daten sehr vieler Hunde miteinander vergleichen, Auffälligkeiten verfolgen und nach Möglichkeit dabei berücksichtigen, ob die Hunde in besonders HD-vermeidender Weise großgezogen wurden oder eher in einer Weise, die einer HD Vorschub leistet.

Sie merken: Die Sache ist vertrackt. Wir wollen uns nicht in das Thema verbeißen und die unterschiedlichen Meinungen der Zuchtvereine referieren. Sinnvollerweise gehen wir im Augenblick davon aus, dass neben der Prädisposition vor allem die Ernährung des Hundes, seine Haltung und Bewegung eine wichtige Rolle bei Knochenaufbau und Muskelbildung spielen und damit bei der Entstehung einer HD eine Schlüsselrolle einnehmen.

Wir geben Ihnen einen Leitfaden an die Hand, wie Sie das Risiko einer HD bei Ihrem Hund minimieren oder wie Sie ihm das Leben mit einer HD erleichtern und ihm ein weitgehend beschwerdefreies Leben ermöglichen können. Es gibt jedoch leider auch so schlimm verformte Hüften, dass ein Leben ohne Leiden nicht mehr möglich ist. In diesem Fall wird der Tierarzt eventuell zur Euthanasie raten.

Wir informieren Sie über mögliche Therapien und gehen besonders auf Ernährung, Bewegung und gezieltes Training ein.

Warum braucht der Hund eine Narkose für die Röntgenaufnahme?

Die Hüftgelenke kann man nur beurteilen, wenn der Hund überstreckt (d. h. sehr langgestreckt) auf dem Rücken liegt und die Beine leicht nach innen gedreht sind. Kein Hund kann diese Haltung entspannt einnehmen und beibehalten, selbst wenn es einem gelänge, ihn ohne Narkose so zu lagern. Auch ein Beruhigungsmittel könnte den Hund nicht entspannt auf dem Röntgentisch halten. Auch dann nicht, wenn zwei Helfer und Sie ihn festhalten. Daher sind aussagekräftige Aufnahmen nur unter einer Kurzzeit-Narkose möglich. Es gibt unterschiedliche Röntgenverfahren.

Warum sollen die Röntgenaufnahmen begutachtet werden?

Reicht nicht das aus, was mein Tierarzt kann und weiß?

Ihr Tierarzt kann gewiss sehr viel und verdient Ihr Vertrauen. Aber: Er ist kein Experte für die standardisierte Auswertung der HD-Röntgenaufnahmen. Dazu braucht es wirklich viel Erfahrung.

Nur gut gemachte und kompetent ausgewertete Aufnahmen sind wirklich hilfreich. Der *Gutachter* beurteilt, wie der Hund liegt: ob die Beine gut gestreckt sind oder nicht, ob er symmetrisch oder asymmetrisch liegt und ob das Becken gerade ist; er beurteilt die Größe des Gelenkspaltes (das ist der Zwischenraum zwischen Gelenkkugel und Gelenkpfanne) und bewertet die Form von Gelenkpfanne, Oberschenkelkopf und Oberschenkelhals (das ist der Teil des Oberschenkels direkt unter dem Gelenkkopf). Dabei berücksichtigt er rassespezifische Eigenheiten des Körperbaus. Beispielsweise sind beim Schäferhund die Hüften mehr gestreckt und die Sprunggelenke deutlich mehr gebeugt als etwa bei einer Bulldogge, bei der die Hinterfüße weiter unter dem Bauch stehen.

Er vermisst die Gelenke, das heißt er misst den Winkel zwischen dem Zentrum des Oberschenkelkopfes und dem vorderen Rand der Gelenkpfanne, den sogenannten Norberg-Winkel, der neben einigen anderen eins der wichtigsten Kriterien zur Einteilung in die HD-Skala ist. Falls es Veränderungen an den Gelenken gibt (Abnutzungsspuren, raue Stellen und Ähnliches), teilt der Gutachter sie graduell ein.

Als Ergebnis seiner Begutachtung steht dann »HD-frei«, »HD Verdacht«, »HD leicht«, »mittel« oder »schwer« auf dem Papier.

Die Bezeichnungen sind nicht bundeseinheitlich, sondern je nach Rasseverein unterschiedlich – im Prinzip ist jedoch dasselbe gemeint. So gibt es z. B. auch die Klassifizierung A (das entspricht HD-frei), B (bezeichnet den HD-Verdacht bzw. eine Übergangsform), C (HD leicht), D (mittel) und E (schwer). Auch weitergehende Unterteilungen sind möglich, also A 1, A 2, B 1, B 2 usw.

Vor Jahren bedeutete die Diagnose »schwere HD« oft noch, dass der Tierarzt sagte, er werde den Hund so lange wie möglich schmerzfrei halten und dann erlösen – was »einschläfern« bedeutete. Mehr konnte er nicht tun. Zum Glück hat sich bis heute viel verändert: Zwar ist HD nicht heilbar, doch gibt es mittlerweile gute Behandlungsmöglichkeiten, um den meisten HD-Hunden ein weitgehend normales Leben zu ermöglichen.

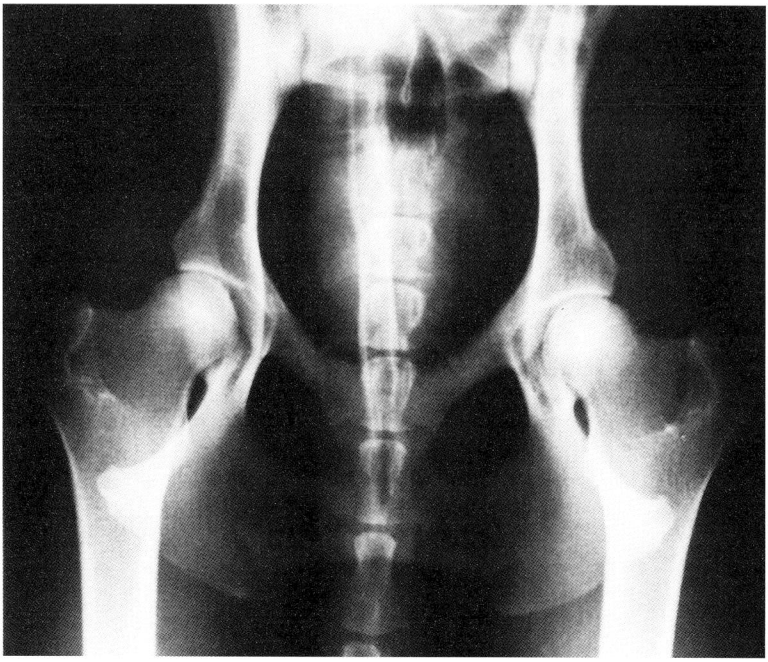

Röntgenbild normaler Hüftgelenke ohne Hinweis auf HD (Dr. Tellhelm, Gießen)

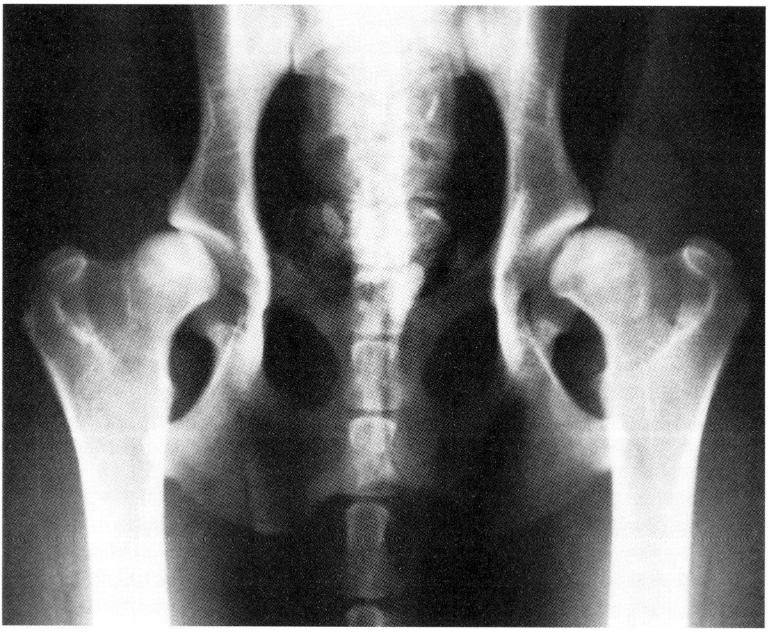

Röntgenbild einer Hüfte mit der Diagnose »schwere HD« (Dr. Tellhelm, Gießen)

3. Ich habe einen Welpen – wie kann ich einer HD vorbeugen?

Machen Sie glatte Böden (Parkett, Laminat, Marmor, Kacheln ...) rutschsicher. Beim Ausrutschen kann es sehr leicht zu Verletzungen durch Überdehnen von Gelenken, Sehnen und Bändern kommen. Nicht zu vergessen sind auch Traumata in der Muskulatur wie Zerrung oder Muskelfaserriss.

Für Kalypso habe ich die relativ glatten Klinkerflächen im Haus mit Teppichboden belegt. Darauf lag sie nicht nur wärmer als auf dem blanken Boden, sie konnte vor allem darauf lebhaft spielen, ohne auszurutschen. Suchen Sie einen Mittelweg zwischen übermäßiger Belastung und übertriebener Schonung.

Natürlich braucht ein Welpe Bewegung und Spiel. Das ist nicht nur für seine Seele wichtig, sondern auch für seinen Körper, damit er seine Muskeln trainiert und aufbaut. Ohne eine kräftige Muskulatur gehen auch die besten Gelenke kaputt.

Ein Welpe verträgt noch keine stundenlangen Spaziergänge. Ich habe Hundehalter gesehen, die viele Kilometer mit ihrem Hundebaby am Strand entlang gewandert sind. »Der wird gar nicht müde«, versicherten sie. Damit erlagen sie jedoch einer Täuschung. Einem Welpen bleibt nämlich gar nichts anderes übrig, als mit seinen Menschen zu gehen, koste es, was es wolle, denn er ist von ihnen abhängig. Sie sind seine Überlebensgarantie. Im schlimmsten Fall läuft er mit, bis er vor Erschöpfung zusammenbricht.

Tipp:

Achten Sie auch auf kleine Anzeichen für Ermüdung und legen Sie Pausen ein. Sechs Spaziergänge à zehn Minuten sind besser als ein einstündiger Spaziergang. Das Laufen auf weichem Boden (Waldwege, Wiesen, Sand ...) ist besser als das Laufen auf Asphalt, Stein oder Beton. Verhindern Sie, dass Ihr Welpe lange hinter Stöckchen oder Bällen her rennt. Wenn Sie unsicher sind, fragen Sie Ihren Tierarzt, wie viel Bewegung Ihr Kleiner braucht.

Füttern Sie mit Bedacht!

Als Kalypso mit acht Wochen zu uns kam, versorgte die Züchterin mich mit einem detaillierten Futter-Plan für die nächsten Wochen und mit einer Liste der Nahrungsmittel, die die Welpen bei ihr bislang schon einmal gefressen hatten. Die Liste reichte von Apfel und Banane über Brei, Fleisch, Hühnerhälse, Hüttenkäse und Joghurt bis Quark und noch weiter. Sie umfasste all das, was heute bei der BARF-Methode auf dem Speiseplan steht. BARF ist die Abkürzung von »Biologically Availabe Raw Food« (biologisch verfügbare naturbelassene Nahrung) und wird im Deutschen wiedergegeben mit »Biologisch Artgerechte Roh-Fütterung«. Im Kapitel »Hilfreiches Zubehör« finden Sie Hinweise, wo Sie sich näher informieren können.

Da mein Hundebaby fressfreudig war und ein unerschütterliches Verdauungssystem besaß, machte es mir Freude, die Bestandteile seiner Mahlzeiten abzuwiegen, zu mischen und endlich vor sein sabberndes Mäulchen zu schieben.

Wenn Sie gern ein Hundekind auf diese Weise ernähren möchten, tun Sie es getrost. Lassen Sie sich von Ihrem Tierarzt beraten, ob und welche Nahrungsergänzungsmittel nötig sind. Er kennt Ihren Hund, seine Entwicklung, seinen Gesundheitszustand und kann einschätzen, was Not tut.

Die richtige Ernährung ist ein entscheidender Faktor im Management von Hunden mit HD.

Ist »barfen« für Sie zu aufwändig oder zu mühsam oder haben Sie oder der Tierarzt große Vorbehalte, wählen Sie ein Fertigfutter. Hat der Züchter die Welpen bereits mit einem bestimmten Futter gefüttert, bleiben Sie dabei. Und gehen Sie beim Umstellen der Futtersorte behutsam vor, um Verdauungsstörungen zu vermeiden. Und so geht's: Mischen Sie zunächst wenig neues Futter unter das alte, steigern Sie die Menge, bis nach zwei bis drei Wochen die Umstellung geschafft ist.

Bedenken Sie bei der Wahl des Futters, dass es nicht nur unterschiedliche Hersteller gibt, sondern

- Futter für unterschiedliche Lebensalter und

- Futter für unterschiedlich große Rassen.

Ein Welpe braucht etwas anderes als ein Senior, eine Dogge etwas anderes als ein Labrador, und der wiederum braucht ein anderes Futter als ein Yorkie.

Ich habe die hausgemachte Fütterung gut ein Jahr durchgehalten, danach war ich beruflich so eingespannt, dass ich die einfachere Variante wählte und auf ein Fertigfutter umstieg.

Egal wie Sie sich entscheiden: Wichtig ist, dass Sie durch strenge Kontrolle der Futtermenge das Gewicht Ihres Hundes kontrollieren. Fragen Sie Ihren Tierarzt, wie viel Ihr Hund wiegen darf. Und dann wiegen Sie ihn regelmäßig.

Tipp:

Solange Kalypso klein war, konnte ich sie gut auf dem Arm mit mir zusammen auf der Badezimmerwaage wiegen. Anschließend wog ich mich allein. Mein Gewicht zog ich vom gemeinsamen Gewicht ab – dann wusste ich, wie schwer Kalypso war. Als sie ausgewachsen war, brauchten wir die Waage beim Tierarzt.

Egal, ob Sie es Babyspeck nennen oder Hüftgold: Jedes Gramm zu viel belastet die Gelenke Ihres Hundes. Deshalb lautet die wichtigste Regel für die Gesundheit Ihres Hundes:

Dulden Sie keine hundert Gramm über dem Gewichtslimit. Und lassen Sie das Limit unbedingt da, wo es der Tierarzt festgesetzt hat.

Ja, die meisten Hunde haben immer Appetit. Besonders, wenn Sie in der Küche sind. Wenn Sie essen. Oder wenn Sie die Katzenfutterdose öffnen. Das ist zwar leise, aber Ihr Hund fährt aus dem tiefsten Schlaf auf und saust zu Ihnen ...

Ja, Hunde können herzerweichend betteln. Ja, Ihr Hund kann gucken, als seien Sie ein Monster, das ihn zum ständigen Hungern zwingt. Widerstehen Sie seinem Schmachten. Und lassen Sie auch nicht »aus Versehen« ein Bröckchen von der Tischkante fallen.

Kein Hund ist so doof, dass er nicht in kürzester Zeit lernt, wie er gucken (an Ihr Bein drängen, die Schnauze auf Ihren Oberschenkel pressen oder den leeren Napf über den Fußboden schieben) muss, damit Sie ein Häppchen spendieren – »weil er doch so hungrig ist« oder »noch so klein« oder »so niedlich«. Ihr Superhund lernt ruckzuck, wie er seinen Menschen zum Fütter-Automaten erzieht. Und das ist nicht niedlich – das ist Manipulation. Verweigern Sie dies Spiel!

Wichtig:

Der Boss sind Sie, Ihr Hund ist der Hund. Bleiben Sie standfest – der Gesundheit Ihres Hundes zuliebe.

Schlank bleiben (oder schnellstens werden)

Wiegen Sie Ihren Hund regelmäßig. Tasten Sie beim Streicheln oder Kämmen nach Rippen und Wirbelsäule und fühlen Sie, ob sie »da« sind oder ob sie sich unter einer Speckschicht verstecken.

Tipp 1:

Wenn Sie bereits bei der Hundeerziehung oder auf dem Hundeplatz mit einem Futterdummy gearbeitet haben, wissen Sie, wie gut er sich eignet, um Ihren Hund so oft wie nötig zu belohnen und dennoch mühelos die Futter-Tagesration zu kontrollieren. Der Dummy ist eine wunderbare »Beute«, die Ihr Hund suchen, finden und apportieren kann, ohne dass er sich daraus selbst bedienen könnte. Allein Sie können den Klettverschluss aufreißen, den darunter liegenden Reißverschluss öffnen und, wenn der Hund still sitzt, ihn daraus belohnen.

Im Übungsteil finden Sie Übungen, in denen der Dummy eingesetzt wird. Darüber hinaus gibt es sehr viel mehr Anwendungsmöglichkeiten – aber natürlich geht es auch ohne. (Im Kapitel »Hilfreiches Zubehör« finden Sie weiterführende Literatur.)

Tipp 2:

Während ich die Anerkennung für meine Arbeit am Monatsende auf meinem Konto finde (manchmal auch in einer Blumenvase auf dem Tisch), verdient mein Hund sich seine Tagesration Futter über den Tag verteilt. Er kriegt keine Hundeschokolade oder andere Näschereien, sondern nach einer guten Leistung ein paar Brocken (Trocken)futter. Und wenn er sich das auch noch in meiner Nähe auf dem Boden suchen darf, ist er äußerst zufrieden.

Wenn Sie Ihrem Hund lieber ein- oder zweimal am Tag seine Mahlzeit zu Hause im Napf geben – kein Problem. Bleiben Sie bei Ihrer gewohnten Art der Fütterung. Kürzen Sie die Portion im Napf um die Menge, die Sie für Motivation und Belohnung im Laufe des Tages brauchen. Füllen Sie diese Menge in den Futterdummy – fertig.

Ein Futterdummy eignet sich wunderbar zur kontrollierten Belohnung.

Achten Sie auch beim Loben und Belohnen auf die Kalorien: Damit die Kalorienzufuhr nicht ausartet und damit die Belohnungen nie eintönig werden, wechseln Sie zwischen verschiedenen Arten:

Nach einem »Fein!«

- Ziehen Sie sofort aus der Tasche ein Spielzeug für ein kurzes Zerrspiel, oder
- Sie zaubern einen Ball hervor, werfen ihn ein paar Meter weit, Ihr Hund darf ihn holen und ein Weilchen darauf herumkauen oder
- Sie lassen ihn absitzen und verstecken ein Spielzeug, das er auf einen Wink hin suchen darf, oder
- Sie rennen ein Stückchen mit ihm.

Natürlich gibt es nicht nach jeder guten Leistung eine Belohnung. Meist reicht ein freundliches Wort. Nur wenn der Hund etwas Neues lernt, gibt es jedes Mal etwas.

Belohnungen müssen nicht immer aus Futter bestehen. Für manche Hunde ist ihr Spielzeug das Größte.

»Sitzt« die neue Aufgabe schließlich zuverlässig gut, erhöhen sich die Abstände zwischen den Prämien. Das bedeutet, er bekommt nur noch jedes zweite Mal ein Bröckchen, dann jedes dritte oder vierte Mal und zuletzt nur noch gelegentlich.

Vernünftiges Training

Vernünftiges Training bedeutet, die Muskeln, Bänder und Sehnen des Hundes durch regelmäßiges sinnvolles Üben zu kräftigen, seine Ausdauer und Leistungsfähigkeit zu steigern und aufrechtzuerhalten.

Tipp 1:

Lassen Sie Ihren gesunden Hund getrost von klein auf kontrolliert Treppen steigen – das beansprucht ihn und schont Ihren Rücken, weil Sie ihn nicht mehr tragen.

Treppen sind, wenn Sie Ihren Hund vor möglichen Verletzungen durch Ausrutschen (glatte Treppen), Hängenbleiben (Treppen mit Löchern, Spalt zur Wand), »aus der Kurve fliegen« (Wendeltreppen) schützen, eine tolle Möglichkeit, die Koordination und Kraft Ihres Hundes zu schulen.

Achtung:

Er darf keinesfalls wie ein Wilder über die Stufen stürmen. Er darf auch nicht hoppeln – die dabei unvermeidbaren Rucker schaden seinen Gelenken, Bändern und Knochen. Stattdessen ist kontrolliertes, langsames Treppensteigen angesagt – abwärts wie aufwärts.

Die Stufen sind so hoch, dass Ihr Hund ohne große Mühe ein Bein nach dem anderen aufsetzen kann, ohne zu hopsen. Dazu führen Sie den Hund im Brustgeschirr an der kurzen Leine neben sich und achten darauf, dass Sie beide mit ruhig-zügigen Schritten gehen.

Tipp 2:

Falls Ihre Wohnung über mehrere Etagen verteilt ist: Legen Sie fest, auf welcher Etage Ihr Hund sich vorwiegend aufhalten darf.

Hindern Sie ihn daran, hinauf- oder herunterzurennen, indem Sie die Treppe sperren. Dazu können Sie zum Beispiel einen Koffer, eine Kiste oder den Staubsauger auf die Stufe zum nächsten Stockwerk stellen, am einfachsten ist jedoch ein Kindertreppengitter (s. »Hilfreiches Zubehör«).

Falls das Scherengitter zu weitmaschig ist oder die Stäbe zu große Zwischenräume haben, können Sie mit gespannten Tuchstreifen, Bändern oder Gitternetzen ein Durchschlüpfen verhindern.

Zum vernünftigen Üben gehört auch, dass der regelmäßige Spaziergang wie eine Trainingseinheit aufgebaut ist – ähnlich wie für Menschen beim Sport. Das klingt komplizierter als es ist und bedeutet schlicht die Dreiheit: Aufwärmen – Üben/Belasten – Abkühlen. Wenn Ihr Hund bisher draußen sofort losstürmen durfte, lassen Sie es ab sofort gemäßigt angehen: Aufwärmen bedeutet, dass Sie nach dem Aussteigen mit dem Hund an der Leine ein paar Minuten lang zügig gehen. Danach erst ist er »warm«, und Sie können ihn mit speziellen Übungen gezielt belasten. Der Spaziergang endet mit erneutem zügigen Gehen an der Leine, und wenn Sie es perfekt machen, streichen Sie ihm zuletzt die Muskeln aus: Streichen Sie ruhig und mit leichtem Druck zunächst vom Hals bis zum Rutenansatz über den Rücken und die Seiten, schließlich, auch mit leichtem Druck, von oben nach unten über die Beine.

Was für die Vorbeugung gilt – Gewichtskontrolle und vernünftiges Training – gilt ganz genauso für die Zeit nach der Diagnose sowie nach einer Operation.

Mein Hund ist noch jung, aber kein Welpe mehr – welche Art der Bewegung ist ungefährlich?

Man hört immer wieder, Treppen steigen sei absolut tabu für junge Hunde. Wir sehen das anders. Allerdings müssen Sie die oben gesagten grundsätzlichen Dinge beachten: Auch für den Junghund ist *kontrolliertes, langsames* Treppen steigen angesagt – abwärts wie aufwärts. Die Treppe muss unbedingt rutschsicher sein. Wenn Sie einen winzigen Hund haben, also etwa einen Chihuahua, Dackel oder Malteser, der nur hopsend die jeweils nächste Stufe erreichen kann, tragen Sie ihn lieber oder gewöhnen Sie ihn an eine Rampe (ein rutschsicheres Brett seitlich über die Stufen gelegt und sicher befestigt).

Kalypso war von klein an wild auf das Toben mit anderen Hunden. Sie liebte einen acht Monate älteren Rüden, einen rechten Temperamentsbolzen, und es war wonnig, den Beiden zuzusehen. Junge Hunde können nicht genug kriegen, wenn sie etwas toll finden. Sie sind allerdings nicht in der Lage, das richtige Maß zu finden. Wenn die Belastung zu groß wird, schalten sie keineswegs automatisch einen Gang runter. Als verantwortliche Hundehalter sind wir in der Pflicht.

Knochen und Gelenke des jungen Hundes sind noch im Wachstum und daher empfindlicher als die ausgewachsenen Knochen eines drei- oder vierjährigen Hundes. Minimale Mikroverletzungen, wie sie etwa beim Toben mit größeren, schwereren Hunden passieren, merkt man nicht – sie summieren sich jedoch über die Zeit und können zu heftigen Störungen führen. Damit ein Spiel mit Artgenossen nicht den Organismus Ihres jungen Hundes überlastet, müssen Sie immer mal wieder bremsend einschreiten. Legen Sie Pausen ein, pegeln Sie den kleinen Übermut runter, indem Sie ihn ablenken oder für ein Weilchen an die Leine nehmen. So eine Pause bedeutet nicht Langeweile. Beschäftigen Sie Ihren Hund mit ruhigen kleinen Übungen und Aufgaben. Das geht auch bei geselligen Spaziergängen: Ihr Hund kann dabei lernen, sich trotz der spannenden Dinge um ihn herum auf Sie zu konzentrieren. Arbeiten unter Ablenkung schult die Impulskontrolle.

Tipps:

Sitz! und Sie gehen um den Hund herum.

Platz! und Sie steigen über den liegenden Hund.

Bauen Sie ein Suchspiel ein: Der Hund bleibt am Platz, Sie legen eine Duftspur, indem Sie einen Futterbrocken an einer Schnur über den Boden ziehen und im Gras verstecken. Nun führen Sie den Hund an der Leine bis zum Beginn der Spur, lassen ihn den Brocken suchen und fressen.

Oder Platz! (d .h. »still liegen bleiben«), auch wenn alle anderen herumlaufen. Reden Sie ihm gut zu, während er brav liegt. (Stellen Sie sicherheitshalber einen Fuß auf die Leine.)

Ist ein Hundesport-Verein etwas für Welpen?

Die meisten Hundesport-Vereine bieten eine »Welpengruppe« an (»Welpenschule«, »Spielgruppe für Welpen« o. Ä.). Gehen Sie mit Ihrem Hund hin, informieren Sie sich und schauen Sie sich um. Sie werden sehen, dass sowohl Ihr Hund als auch Sie in einer solchen Gruppe viel Spaß haben können. Außerdem finden Sie dort kundige Ansprechpartner, bekommen Tipps und die Möglichkeit zum Erfahrungsaustausch.

Wichtig: Ihr Hund lernt soziales Verhalten am besten unter seinesgleichen. Die Gruppenleiterin schreitet mit Sachverstand ein, bevor eine Situation eskaliert. Was noch wichtiger ist: Sie achtet darauf, dass kein Hund überlastet wird.

Schauen Sie, welche Sportarten oder Spiel-und-Spaß-Gruppen der Verein für Hunde jenseits des Welpenalters anbietet. Je nach Ihren Neigungen und den wachsenden Fähigkeiten Ihres Hundes können Sie ein Angebot wählen – und sicher sein, dass Sie Ihrem Hund Gutes tun.

Welche Sportart ist geeignet?

Auf jeden Fall empfehlenswert ist ein Grundkurs, der zur Begleithundeprüfung führt. Wenn Ihr Hund abschließend begutachtet ist und der Tierarzt Ihnen die Beurteilung erklärt hat, wissen Sie, wo Sie stehen. Ist Ihr Hund HD-frei oder besteht nur ein HD-Verdacht, sind Sie ziemlich frei in der Wahl Ihrer sportlichen Aktivitäten. Wichtig dabei ist nur, dass Sie Ihren Hund schlank halten und aufmerksam beobachten, damit Sie eventuelle Veränderungen oder Verschlechterungen bemerken und untersuchen lassen können.

4. Das Gutachten hat eine leichte oder eine mittlere HD bei meinem Hund ergeben. Was nun?

Alles, was für den Welpen gesagt wurde, gilt uneingeschränkt auch für Hunde mit leichter oder mittlerer HD. Auf jeden Fall ist eine regelmäßige Kontrolle beim Tierarzt nötig. Er ist Ihr wichtigster Ansprechpartner.

Bei mittlerer HD und darüber ist es wichtig, dass Ihr Hund fit bleibt und eine stabile Muskulatur hat. Dabei helfen gezieltes Training und geeigneter Sport mit gleichmäßig »runden«, fließenden Bewegungsabläufen in unterschiedlichen Geschwindigkeiten.

Absolut tabu sind:

- abrupte Richtungswechsel,
- heftige Stopps,
- Haken schlagen beim Toben,
- Sprünge aus zu großer Höhe und
- heftig ruckartige Bewegungen.

Sollten Sie Ihren Hund doch einmal lossausen lassen, sorgen Sie dafür, dass er vorher richtig aufgewärmt ist. Wenn Muskeln, Sehnen und Bänder auf Betriebstemperatur sind, beugt das Verletzungen vor.

Vermeiden Sie Stürze, indem Sie eingreifen, wenn das Spiel zu heftig wird.

Hindernisparcours und enge Slalomläufe sind problematisch. Vielleicht bietet der Hunde-Verein Spiel-, Sport- und Spaßgruppen an, bei denen Ihr Hund nicht zwangsläufig über Hindernisse springen oder sich um eng stehende Slalomstäbe winden muss? Man kann den Hund auch um nur jede zweite Slalomstange laufen lassen. Oder die Hindernisse sind so hoch, dass der Hund statt drüber zu springen drunter durchlaufen kann. Wenn die Gruppe nicht auf einen Wettkampf hin arbeitet, sind

Sie frei zu entscheiden, welche Übungen Ihr Hund mitmacht und welche besser wegfallen.

Fragen Sie nach einer Obedience-Gruppe und schauen Sie sich die Arbeit an. Zu diesem speziellen Training gehören die klassischen Gehorsamsübungen, wie sie auch Teil der Begleithundeprüfung sind. Dazu kommen Übungen wie Suchen und Apportieren in immer neuen Variationen, so dass es nie langweilig wird. Wenn die Teilnehmer nicht so sehr auf Tempo arbeiten, sondern die Betonung auf langsamer und exakter Ausführung liegt, kann das der ideale Sport für Sie und Ihren Hund sein. Fährtenarbeit ist ebenfalls eine Option.

Tipp:

Sprechen Sie die Ausbilder auf das Handicap Ihres Hundes an. Vielleicht findet sich sogar eine Hundegruppe zusammen, die entsprechend den jeweiligen gesundheitlichen Einschränkungen der einzelnen Hunde arbeitet? Ob Reha- oder Invaliden-Sport-Gruppe: Fantasie und Erfindungsgeist sind gefragt. Reden kann man über alles, realisieren vieles. Und wenn es eine solche Gruppe noch nicht gibt, können Sie sie initiieren.

Apportieren und Fährtenarbeit sind prima Optionen, um die Muskulatur zu trainieren, ohne die Hüften zu überlasten.

Perfekt ist es, wenn Sie eine Hunde-Physiotherapeutin dazu einladen, die der Gruppe im Vorfeld ein paar grundsätzliche Dinge erklärt, Fragen beantwortet und über zweckmäßiges Training informiert.

Ob Ihr Hund nun eine HD hat oder nicht: Schwimmen ist ideal. Im Wasser trainiert er, ohne die Gelenke durch sein Körpergewicht zu belasten. Geben Sie ihm die Möglichkeit zu schwimmen, wann immer sie sich bietet und das Wetter es erlaubt.

Die Australian-Shepherd-Hündin Angie hat mittlere HD. Sie und ihr Frauchen sind glücklich, weil sie nicht nur in der Nähe eines Sees leben, sondern weil es dort auch eine Wasserarbeitsgruppe gibt. Zwar trainieren hier vorwiegend Neufundländer, aber Angie darf mitmachen, weil sie leidenschaftlich gern arbeitet, eine rasche Auffassungsgabe hat und – ein engagiertes Frauchen.

Tipp:

In einigen (wenigen) Städten gibt es sogar Schwimmbäder für Hunde. Auch kann man Hunde-Schwimmbecken kaufen, die jedoch eher für kleinere Hunde geeignet sind. Billiger ist es, wenn Sie Chico das Kinderplanschbecken Ihrer groß gewordenen Kinder aufstellen und an einer Schnur ein Quietschtier oder etwas anderes über die Wasseroberfläche ziehen, das er nur schwimmend erreichen kann. Die Dauer des Schwimmvergnügens hängt natürlich ab von der Außen- und der Wassertemperatur.

Schwimmen trainiert ideal, ohne die Gelenke zu belasten.

Weiß ein Hund instinktiv, was ihm gut tut?

Manche Menschen sagen: »Lass den Hund – er weiß am besten, was gut ist für ihn. Dafür hat er seine Instinkte.«

Troll ist ein siebenjähriger Weimaraner mit schwerer HD und darf sich bewegen, wie er will und wie er kann. Wenn er mit anderen Hunden toben mag, ist das okay. Da liegt ein Baumstamm, und er will drüberspringen? – Klar, das darf er. Heute will er langsam laufen? – Bitte, warum nicht?

Die Antwort auf die Frage, ob der Hund instinktiv weiß, was ihm schadet, lautet nicht einfach ja oder nein. Alles hängt nämlich vom einzelnen Hund ab. Troll war nie ein Haudrauf. Schon als junger Hund hatte er eine Art, die man bei einem Menschen »besonnen« nennen würde oder »vernünftig«. Wenn Sie Ihr Leben mit einem solchen Hund teilen, seien Sie dankbar.

Die wenigstens Menschen gewinnen im Lotto. Und nur wenige Menschen leben mit einem Hund, der »besonnen« ist. Da ist zum Beispiel Carlos, ein Labrador, der schon seit Junghundzeiten zuerst losprescht, egal wohin und egal auf was zustürmt, und der erst später – ups! – innehält, einen Schmerzenslaut ausstößt und dringend – sofort! – Trost braucht. Was sich bei Troll wie besonnene Vor(aus)sicht ausnimmt, fehlt Carlos völlig. Impulskontrolle klappt bei ihm nur wenig. Bedachtsamkeit und Mäßigung – das ist der (wichtige) Teil, den sein Frauchen zu seiner Gesunderhaltung beisteuern muss.

Irgendwo zwischen den beiden Extremen Troll und Carlos liegt vermutlich das Temperament Ihres Vierbeiners. Wenn Sie ihn lange genug in den unterschiedlichsten Situationen beobachtet haben und ihn wirklich gut kennen, dann, und erst dann, können Sie spüren, wann Sie ihn allein entscheiden lassen können, ob er übermütig rennen darf oder ob Sie ihn grundsätzlich in bestimmten Situationen energisch zurückpfeifen, an die Leine nehmen und besänftigen müssen.

Beobachten Sie Ihren vierbeinigen Begleiter. Im Zweifelsfall fragen Sie Ihren Tierarzt oder lassen sich von einer erfahrenen Hunde-Physiotherapeutin beraten.

Warum ist die Muskulatur so wichtig?

Gelenke werden nicht nur von Bindegewebe und Bändern an ihrem Platz gehalten, sondern vor allem von den Muskeln geschützt, die sie umgeben.

Stellen Sie sich einmal vor, dass die Gelenkpfanne von Geburt an ein wenig zu flach ist und der Hüftgelenkskopf nicht »satt« darin liegt. Wenn nun außerdem die umgebende Muskulatur nur dürftig ist, kann sie den Gelenkkopf nicht ausreichend sicher in seiner Position halten. So kann er aus der Gelenkpfanne herausrutschen. Das vollständige Herausrutschen nennt man Luxation (Verrenkung). Wenn sich der Gelenkkopf nur leicht aus der Gelenkpfanne löst, spricht man von einer Subluxation.

Eine kräftige Muskulatur hilft selbst bei einem nicht optimal ausgebildeten Hüftgelenk zu vermeiden, dass das Gelenk vorzeitig verschleißt – mit all den bekannten Folgen wie Gelenkentzündungen, Arthrose und natürlich Schmerzen. (s. »Was genau ist da nicht in Ordnung?« auf Seite 10) Folglich ist Muskelaufbau und Erhalt der Muskulatur ein wichtiger Faktor in der Vorbeugung.

Was kann ich noch tun?

Fragen Sie Ihren Tierarzt nach Nahrungsergänzungsmitteln. Beispielsweise haben sich Produkte mit Grünlippmuschel-Extrakt bewährt, um Sehnen, Bänder und Gelenke zu stabilisieren und einer Arthrose vorzubeugen oder sie in Schach zu halten. Ihr Tierarzt kennt Ihren Hund, seine Krankheiten und seine körperliche Verfassung. Vielleicht weiß er noch andere Mittel, die in der speziellen Situation Ihres Hundes helfen. Selbstverständlich können Sie auch bei einer Hunde-Physiotherapeutin Rat und Hilfe suchen.

Wozu brauche ich eine Hunde-Physiotherapeutin?

Hat Ihnen schon einmal Krankengymnastik oder eine andere physiotherapeutische Maßnahme geholfen? Manuelle Therapie, aktive und passive Bewegungstherapie, Lymphdrainage, Laser-Therapie, Reizstrombehandlung oder anderes? Alle physiotherapeutischen Behandlungen können für Vierbeiner ebenso sinnvoll und wichtig sein wie für uns Zweibeiner. Wie gut, dass wir unseren Hunden damit wirksam helfen können!

Eine Hunde-Physiotherapeutin behandelt nicht nur bestimmte Krankheitsbilder sowohl vor als auch nach einer Operation – darauf werden wir noch eingehen –, sie berät Sie auch und gibt Ihnen gern Empfehlungen für einen gestalteten Spaziergang. Das heißt, sie kann Ihnen sinnvolle Übungen und Trainingsmethoden zeigen und Tipps geben für einen befriedigenden und unschädlichen Auslauf. Unter Umständen gibt Sie Ihnen auch Hausaufgaben.

Vielleicht können Sie Ihren Hund auch zum Training auf dem Unterwasser-Laufband zu ihr bringen. Viele Hunde-Physiotherapeutinnen bieten Aquajogging an, denn es ist eine wunderbare Methode, die Muskulatur zu stimulieren, ohne den Körper durch sein eigenes Gewicht zu belasten. (Mehr über das Unterwasser-Laufband s. »Aqua-Joggen als Reha-Maßnahme«)

Eine Hunde-Physiotherapeutin finden Sie, indem Sie andere Hundebesitzer (zum Beispiel im Hundesportverein) nach einer Empfehlung fragen. Vielleicht hat Ihr Tierarzt schon Erfahrungen mit einer Therapeutin in der Nähe gemacht? Natürlich finden Sie sie auch über das Branchenverzeichnis oder im Internet.

Außerdem gibt es den »1. Verband für Tierphysiotherapie e.V.« (1. VFTP e.V.) und die »Deutsche Gesellschaft der Tierheilpraktiker und Tierphysiotherapeuten e.V.« (DGT) (beide s. »Hilfreiches Zubehör«), bei denen Sie Namen und Adressen qualifizierter Physiotherapeutinnen abrufen können.

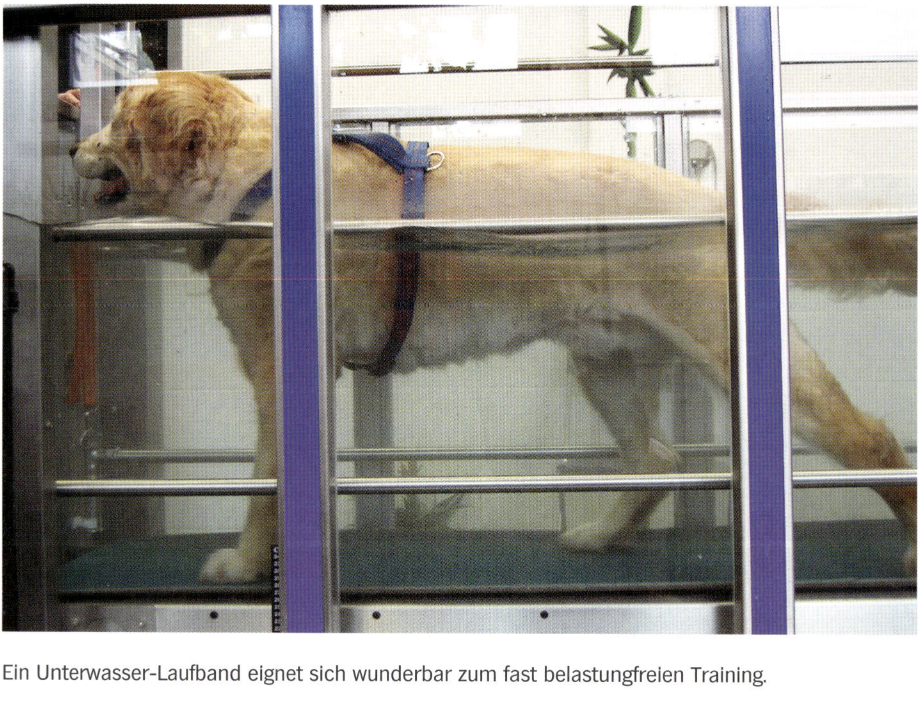

Ein Unterwasser-Laufband eignet sich wunderbar zum fast belastungfreien Training.

Woran merke ich, dass mein Hund HD hat oder dass sich seine bisher unauffällige mittlere HD verschlimmert?

Sie haben keine Röntgenaufnahmen von den Hüftgelenken Ihres Hundes und möchten gern wissen, ob es bestimmte Symptome für eine HD gibt? Eindeutige Symptome gibt es für die HD nicht. Doch gibt es Zeichen, bei denen Sie unbedingt aufmerken und den Tierarzt befragen sollten:

- Wenn Ihr Hund humpelt, ein Bein nachschleppt und vielleicht sogar berührungsempfindlich ist
- Wenn er auf glatten Böden oder zugefrorenen Pfützen ausrutscht
- Wenn Ihr Hund nach längerem Liegen (z. B. morgens) nur mühsam hochkommt und anschließend auffallend langsam und steifbeinig umhergeht
- Wenn Ihr Hund nach dem Herumtollen deutlich lahmt (möglicherweise auch nur einseitig)
- Wenn er beim Rennen »aus der Kurve fliegt«, mit der Hüfte einknickt und hinfällt
- Wenn Sie den Eindruck haben, dass Ihr Hund merkwürdig »eierig« läuft
- Wenn der Po auffällig wackelt
- Wenn er nicht spielen mag, obwohl er es sonst immer geliebt hat
- Wenn er vor Treppen ausweicht
- Wenn er Mühe hat zu springen (ins Auto oder eine Böschung hinauf ...)
- Wenn er plötzlich »wetterfühlig« ist

und auf jeden Fall, wenn Sie den Eindruck haben, dass Ihr Hund Schmerzen hat.

Bedenken Sie: Anhaltende Schmerzen können nicht nur einen Menschen mürbe machen, sondern auch einen Hund. Bei ihm äußert sich das möglicherweise so, dass er häufiger missmutig reagiert, gereizt brummt o. Ä.

Wenn Ihr Hund »aus heiterem Himmel« knurrt und schnappt, also »grundlos« aggressiv reagiert, kann das ein Hinweis auf Berührungs- oder Bewegungsschmerzen sein.

Schmerzen können auch Fellveränderungen, etwa Haarwirbel oder aufgestellte Haarbüschel, hervorrufen.

Wenn ein Rüde zum Pinkeln das Bein nicht mehr hebt, ist dies möglicherweise ein Zeichen für eine schwache Hinterhand.

5. Kiras Geschichte

Kira ist eine siebenjährige Dobermannhündin. Bauers haben sie vor vier Jahren nach dem Tod ihres Herrchens übernommen. Sie erwies sich als aufgeweckt, lernfreudig und hundeplatzbegeistert. Der Abend in der Woche, an dem sie zum Hundesport gehen, ist für sie ein Fest: Jedes Mal jault sie vor Freude, wenn nur der Parkplatz in Sicht kommt.

Immer mal wieder kam es vor, dass sie nach schwungvollem Parcourslaufen leicht humpelte, doch tat das ihrer Freude keinen Abbruch.

»Sie ist wohl falsch aufgetreten«, dachte Frau Bauer. Wenn Kira tags drauf noch immer etwas lahmte, schonte sie sie ein, zwei Tage. Gelegentlich ließ sie den Tierarzt nachschauen.

»Unspezifisches Lahmen« schrieb er in die Karteikarte. Die Untersuchungen (Schulter, Ellbogen, Knie ...) brachten nichts Ernsthaftes zutage, das Lahmen legte sich wieder, und Kira war weiter eifrig bei jeder Aktivität dabei.

Das Lahmen häufte sich. »Kein Wunder bei ihrem Temperament«, dachten Bauers. Den Sport mochten sie ihr nicht streichen, sie bremsten sie nur ein wenig.

Irgendwann brauchte sie Schmerzmittel. Und schließlich reagierte sie auf Wetterumschwünge: Sie brauchte eine gewisse Zeit, bis sie nach dem Aufstehen »auf Touren kam«. Eigentlich war sie für solche Anlaufschwierigkeiten noch zu jung.

Wenn sie nur sehr langsam ins Auto steigt, lässt Frau Bauer ihr Zeit. Sie denkt: Kira ist nicht störrisch, sie braucht einfach länger.

Eines Tages setzt Kira lediglich die Vorderfüße auf den Rand des Kofferraums und verharrt hilflos. Frau Bauer bückt sich und umfasst die Hinterfüße, um den Hund vollends hochzuhieven. In dem Augenblick, als sie sie nur leicht anhebt, fährt Kira herum und schnappt zu. Zum Glück gibt es nur blaue Flecke – und einen heftigen Schreck.

»Das reflexhafte Zuschnappen bei einer Berührung deutet auf einen plötzlichen heftigen Schmerz in dem Bereich«, erklärt der Tierarzt, den sie bald nach dem Vorfall aufsuchen. Er untersucht Kira gründlich, macht am nächsten Tag eine Röntgenaufnahme unter Narkose und diagnostiziert schließlich eine Entzündung des Hüftgelenks infolge einer fortgeschrittenen HD.

»Wahrscheinlich hat sie schon längere Zeit versucht, dem Entzündungsschmerz auszuweichen und dabei Fehlhaltungen eingenommen«, erklärt der Mediziner. »Menschen tun das auch, wenn sie Schmerzen haben. Die Fehlhaltung führt mit der Zeit dazu, dass bestimmte Muskelgruppen überbeansprucht werden und sich verkrampfen. Das kann man dann als festen Knubbel ertasten.« Er lässt Bauers die Muskelverhärtung tasten.

»Wenn sie nicht geschnappt hätte – hätte ich gar nichts gemerkt, und sie hätte weiter Schmerzen gehabt«, sagt Frau Bauer erschrocken. »Wir wussten gar nichts von der HD.«

»Es gibt nicht die HD«, sagt der Tierarzt. »Das Krankheitsbild entwickelt sich bei jedem Hund anders. Und jeden Hund muss man nach seinen Bedürfnissen und individuellen Erfordernissen therapieren.«

6. Bisher war die HD meines Hundes kein Problem. Aber jetzt ...

Es ist durchaus nicht ungewöhnlich, dass auch ein Hund mit einer deutlich ausgeprägten HD im Alltag kaum beeinträchtigt ist und so gut wie beschwerdefrei lebt. Ein anderer Hund mit einer leichten HD hat womöglich so starke Schmerzen, dass ihm einfaches Gehen schon eine Qual ist.

Das liegt daran, dass die Klassifizierung der HD (leicht, mittel, schwer ...) nur etwas über die Ausbildung des Hüftgelenks aussagt, nichts jedoch über die Schäden, die erst im Laufe der Zeit als Folge des nicht korrekten Gelenks auftreten.

So könnte beispielsweise bei einer als leicht eingestuften HD der Gelenkkopf in der Pfanne zwar nur sehr wenig Spiel haben, aber der Knorpel nutzt sich an einer kleinen Stelle übermäßig ab. Die Knorpelschicht wird abgerieben und verliert ihre Dämpfungsfähigkeit. Schließlich reiben kleine Knochenflächen aufeinander, und das schädigt auf Dauer den Knochen. Am Anfang ist die Beweglichkeit des Gelenks nur leicht eingeschränkt, später kommt es zu Entzündungen und Schwellungen, und das ist äußerst schmerzhaft.

Weil nicht alles, was man sieht, ein realistisches Bild vom Grad der Einschränkungen wiedergibt, sind neben den medizinischen Untersuchungen auch die Alltagsbeobachtungen und -erfahrungen des Hundehalters aufschlussreich.

Wichtig:

Hunde sind unglaublich tapfer im Erdulden von Schmerzen. Sie lassen es sich längst nicht so bald wie ein Mensch anmerken, wenn etwas weh tut. Das ist ein stammesgeschichtliches Wolfs-Erbe: Ein Wolf, der wegen Alter oder Krankheit nicht mehr mithalten kann, wird vom Rudel getrennt, ihm droht der Hungertod. Durchhalten und Mitlaufen ist für den Wolf überlebensnotwendig. Das steckt auch noch tief im heutigen Haushund. Daher müssen wir Hundebesitzer sorgsam beobachten und sehr genau hinschauen. Und selbst dann dauert es manchmal lange, bis wir merken, was Not tut.

Bauers haben vieles sehr wohl gesehen, jedoch nicht ernst genommen. Sie haben die Hinweise auf eine schleichende Verschlechterung von Kiras Gesundheitszustand zwar registriert, aber letztlich nicht genug berücksichtigt. Beschämt nehmen sie sich vor, künftig aufmerksamer zu sein.

Eine HD ist nicht heilbar, man kann sie nicht »weg« machen. Eine Therapie kann bestenfalls dem Hund ein schmerzarmes Leben mit leidlich befriedigenden Bewegungsmöglichkeiten bereiten. Bei der Suche nach der jeweils passenden Therapie sind die Beobachtungen des Hundehalters für den Arzt unerlässlich.

Frauchen und Herrchen kennen das Temperament ihres Hundes am besten, seine Lieblingstätigkeiten, die Freuden seines Hundelebens – auch das zu wissen ist nötig für die individuell richtige Therapie, bei der der Hund ausgelastet ist (körperlich wie mental), aber ohne ein Zuviel an Bewegung. Das schadet ebenso wie ein Zuwenig. Es gilt also, das individuelle Maß zu finden.

7. Welche Therapiemöglichkeiten gibt es überhaupt?

Grundsätzlich gibt es zwei Möglichkeiten und die Wahl der Methode sollten Sie im Dialog mit den behandelnden Ärzten und Physiotherapeuten treffen:

- konservative Behandlung und
- chirurgische Behandlung.

Konservativ nennt man die Behandlung mit Medikamenten und/oder physikalischen Maßnahmen – das Kapitel »Was macht eine Hunde-Physiotherapeutin?« erläutert das Spektrum der Möglichkeiten. Im Übungsteil finden Sie geeignete Übungen und wertvolle Hinweise. Die Kontrolle des Körpergewichts und ggf. striktes Abnehmen gehört jedenfalls dazu.

Außer aktiver Therapie kann die Physiotherapeutin Ihnen ergänzende Maßnahmen empfehlen wie etwa Cold-/Hot-Packs (s. »Hilfreiches Zubehör«) zur Schmerzlinderung, und sie bietet Massagen an gegen verspannte Muskulatur. Wenn Sie unsicher sind, leitet sie Sie auch gern an, wie Sie – etwa durch bestimmte Massagegriffe oder mit einem einfachen Massagestriegel – Ihrem Hund Erleichterung verschaffen.

Medikamente

Der Tierarzt hat Ihnen Schmerzmittel mitgegeben oder verschrieben – geben Sie sie Ihrem Hund nach den Anweisungen und halten Sie ihn schmerzfrei, damit er keine Schonhaltung entwickelt. Die nimmt zwar zunächst die Schmerzen, weil sie jedoch unnatürlich ist, belastet sie den Körper auch unnatürlich – und richtet dadurch womöglich weiteren Schaden an. Fragen Sie Ihren Tierarzt auch nach homöopathischen Mitteln für Ihren Hund. Diese gibt es entweder als

- Tropfen
- Tabletten
- Globuli (das sind kleine Kügelchen) oder
- Streukügelchen (das sind sehr kleine Kügelchen)

Achtung: Die Wirkstoffe gelangen über die Mundschleimhäute ins Blut. Ins Futter gemischt, rutschen sie viel zu schnell Richtung Magen und sind nutzlos.

Homöopathische Tabletten und Globuli bestehen aus Milchzucker, der die Trägersubstanz für die eigentlichen Wirkstoffe ist.

Vorsicht:

Es gibt Hunde, die keinen Milchzucker vertragen, und einige Hunde reagieren sogar auf kleinste Mengen mit Durchfall. Wenn Sie unsicher sind, ob Ihr Hund dazu gehört, probieren Sie sicherheitshalber mit einer sehr kleinen Dosis aus, ob er die Tabletten oder Globuli verträgt. Falls er Verdauungsstörungen bekommt, sprechen Sie mit Ihrem Tierarzt.

Hilfe! Wie kann ich meinem Hund Medikamente eingeben?

Bei homöopathischen Mitteln ist das einfach, weil sie nicht unangenehm riechen oder schmecken. Tabletten und Globuli können Sie zwischen zwei Teelöffeln leicht zerdrücken und Ihrem Hund mit angefeuchteten Fingerspitzen auf die Mundschleimhaut, die Innenseite der Lefzen, unter oder auf die Zunge streichen. Falls Ihr Hund dieses Vorgehen allzu befremdlich findet, üben Sie das erst ein paar Mal mit einem winzigen Klecks Leberwurst und einigen Entzückenslauten, bis er weiß, dass Ihr Zeigefinger in seinem Maul etwas Gutes ist. Oder Sie streichen den Fressnapf mit einem Klecks Joghurt aus – etwa so wie Sie sich eincremen, also einigermaßen sparsam. Anschließend streuen Sie die zerdrückten Tabletten über den Joghurtfilm und geben den Napf zum Ausschlecken frei. Auf diese Weise verteilen sich die teils pulverisierten, teils zerbröselten Tabletten, und die Schleimhäute können die Wirkstoffe aufnehmen.

Streukügelchen brauchen Sie nicht zu zerdrücken, sie sind klein genug. Verfahren Sie damit wie mit den zerkleinerten Tabletten.

Tropfen geben Sie entweder mit wenig Wasser vermischt oder unverdünnt mit Hilfe einer Einmalspritze (ohne Kanüle) direkt in den Mundwinkel. Falls Sie unsicher sind, können Sie es erst ein paar Mal mit einer kleinen Menge Fleischbrühe üben. Wenn Ihr Hund schon beim Anblick der Spritze voller Vorfreude wedelt, haben Sie gewonnen.

Andere Tabletten

Ada frisst alles, auch Brotstückchen, dünn mit Butter bestrichen und mit einer Tablette als Belag. Basco verschlingt Tabletten, wenn sie in eine Scheibe Wurst gewickelt sind. Carlos ist so scharf auf Katzenfutter, dass er die Tablette darin ignoriert. Donna lässt sich nicht so leicht überlisten. Sie hat eine raffinierte Technik, verdächtige Futterhappen auf der Zunge umherzubewegen, bis sie den Fremdkörper darin isoliert hat und ausspuckt. Manchmal hilft es, ihr vier oder besser fünf gleiche kleine Häppchen zu richten. In den ersten beiden findet sie nichts (weil auch nichts drin ist), erst im dritten steckt die Tablette. Sie nimmt das Häppchen mit reduziertem Misstrauen, und schon hält Frauchen ihr ein köstliches viertes Stückchen vor die Nase, so hoch, dass sie den Kopf recken muss. Was bereits im Maul ist, rutscht nun besser, der Schwerkraft gehorchend. Außerdem schluckt sie schnell, um nicht den nächsten Happen zu verpassen ...

Alle Tricks sind erlaubt – solange Sie freundlich bleiben. Nur wenn gar nichts anderes geht, werden Sie handgreiflich – aber reden Sie Ihrem misstrauischen oder zögerlichen Hund freundlich zu dabei. Versichern Sie ihm, dass er der tollste Hund der Welt ist!

Und so geht's: Der Hund sitzt neben Ihnen, am besten an einer Stelle mit geringen Fluchtmöglichkeiten, also etwa in der Küche dicht neben dem Unterschrank, auf dem das Medikament bereit liegt (in Leberwurst gepackt oder in eine mokkalöffelgroße Portion Katzenfutter aus der Dose, in eine halbe Wurstscheibe gewickelt oder in ein winziges Stück Käse geklemmt).

Greifen Sie von oben über den Fang und drücken Sie die Lefzen leicht nach innen. Wenn Sie einen Zwischenraum zwischen der oberen und unteren Zahnreihe ertasten, sind Sie dem Ziel schon sehr nahe. Verstärken Sie den Druck etwas, um den Fang zu öffnen. Wenn die Vorderzähne sich nur ein wenig voneinander lösen, können Sie an diesem Spalt ansetzen und das Maul so weit öffnen, dass sie mit Ihrer anderen Hand die verpackte Tablette möglichst tief in den Schlund schieben. Jetzt halten Sie den Fang geschlossen schräg nach oben und streichen kräftig-zärtlich vom Unterkiefer über die Kehle den Hals hinunter, um das Schlucken zu befördern.

LOBEN Sie Ihren Hund, wenn er schluckt, und geben Sie ihm ein Futterbröckchen zur Belohnung.

Vorsicht:

Wurst und Käse bitte wirklich nur in allerkleinsten Portionen. Leberwurst enthält sehr viel Fett und ist eine Kalorienbombe – je kleiner Ihr Hund ist, desto kleiner/kalorienärmer muss auch die »Verpackung« seiner Tabletten sein.

Welche Operationsmethoden gibt es?

Es gibt einige unterschiedliche Operationsmethoden, von denen wir nur einige beispielhaft erwähnen:

Dreifache Beckenosteotomie (DBO)

Die DBO kommt bei sehr jungen Tieren zum Einsatz oder wenn eine leichte HD mit wiederkehrenden Luxationen (Verrenkungen) vorliegt.

Der Operateur stellt die Hüftgelenkspfanne so um, dass der Oberschenkelkopf wieder festen Halt hat. Dazu durchtrennt er das Becken an drei Stellen und dreht die Gelenkpfanne leicht, so dass der Oberschenkelkopf besser in der Gelenkpfanne liegt, das stabilisiert das Gelenk und beugt Luxationen oder Subluxationen vor.

Oberschenkelkopfverlängerung (Femoral Head Lengthening)

Man setzt diese Technik bei Hunden ein, deren Oberschenkelhals verkürzt ist und die eine gering ausgeprägte Hüftmuskulatur haben.

Wie der Name sagt, verlängert der Operateur den Oberschenkelhals, um auf diese Weise den Oberschenkelkopf besser in die Gelenkspfanne der Hüfte einzupassen.

Alle wichtigen Hüftmuskeln setzen am sogenannten großen Rollhügel des Oberschenkelknochens an. Dieser liegt vor dem Oberschenkelhals. Die Verlängerung des Oberschenkelhalses verbessert die Hebelwirkung, dadurch wird der Oberschenkelkopf mit mehr Kraft in die Gelenkspfanne gedrückt und stabil gehalten.

Totalendoprothese des Hüftgelenks (TEP)

Hierbei ersetzt der Operateur das komplette Hüftgelenk: Er entfernt Oberschenkelkopf, -hals und Hüftgelenkspfanne und ersetzt sie durch einen »Nachbau« aus chirurgischem Stahl, Titan oder einer bestimmten Polyethylenart.

Bei einem jüngeren Hund wählt der Arzt die TEP erst dann, wenn die Wachstumsfugen geschlossen sind, weil er diese sonst verletzen würde.

Goldimplantate

Goldakupunktur bzw. das Einsetzen von Goldimplantaten ist eine Form der begleitenden Schmerzbehandlung und kann kaum eine OP ersetzen. Es gibt viele unterschiedliche Arten dieser Behandlung, das betrifft die Anzahl der Goldimplantate und die Stellen, an die sie gesetzt werden In manchen Fällen scheint sie gut zu helfen, in anderen Fällen gar nicht.

Femurkopf- und Halsresektion (Entfernung des gesamten Oberschenkelkopfs)

Eine schlechte Verbindung der verschiedenen Gelenkteile verursacht Schmerzen im Hüftgelenk. Bei der Femurkopf- und Halsresektion löst der Operateur diese (schlechte) Verbindung, indem er Oberschenkelkopf (Femurkopf) und -hals abtrennt und vollständig entfernt. Der Hund hat so lange Leinenzwang, bis die OP-Narbe verheilt ist, kann jedoch sofort die Gliedmaßen belasten. Regelmäßige ausreichende Bewegung regt nun die Selbstheilungskräfte des Körpers an. Im günstigen Fall führt das dazu, dass der Knochen ein hart-knorpeliges »Ersatzgelenk« bildet – das ist in etwa zu vergleichen mit der Narbenbildung: der Körper schließt selbsttätig seine »Lücken«. Im Fall des Oberschenkelkopfes ist das neue Gewebe, das »Ersatz«gewebe am Knochen, natürlich fester als das Narbengewebe, das Sie nach einer Operation etwa am Bauch zurückbehalten.

Der Operateur wählt dieses Verfahren eher bei leichtgewichtigen Hunden und meist in Fällen, bei denen alles andere kaum noch Erfolg verspricht.

8. Der Tierarzt rät zur Operation

Die konservative Behandlung der HD ist zu Ende, wenn es mit sinnvollem Training, physiotherapeutischen Bemühungen und Schmerzmitteln nicht mehr getan ist. Der Tierarzt wird nun zur Operation raten.

Dabei berücksichtigt er nicht nur den Grad der Beeinträchtigung und der Schmerzen, sondern auch das Alter des Hundes. Beispielsweise wird kaum jemand einem 14-jährigen Hund noch einen großen operativen Eingriff mit sämtlichen Risiken und möglichen Komplikationen zumuten.

Fallbeispiel:

Kira ist mit ihren sieben Jahren noch sehr gut beieinander, eine zwar ruhige, aber doch lebensfrohe Dobermann-Dame, deswegen stimmen Frau und Herr Bauer einer Operation zu.

»Ich habe keine Routine in diesen Dingen«, sagt der Tierarzt. »Ich gebe Ihnen die Adresse eines Spezialisten.« Das Paar vereinbart sofort einen Termin bei dem empfohlenen orthopädischen Chirurgen in einer Tierklinik. Der liest die Befunde, schaut die Röntgenaufnahmen an, untersucht die Hündin und rät schließlich zur Totalendoprothese, kurz TEP (s. o.). Er begründet seine Wahl des Verfahrens und erklärt die Einzelheiten.

Schließlich sprechen sie offen über die zu erwartenden Kosten: Zu den OP-Kosten kommen noch die Kosten für Medikamente und für die Physiotherapie im Anschluss an die Operation.

Durch mehrere Empfehlungen kommen Bauers zur Hunde-Physiotherapeutin Frau Dr. Häusler. Auch mit ihr klären sie den Kostenrahmen. Bei aller Liebe zu Kira spielt doch auch das eigene Budget eine gewichtige Rolle.

Wir empfehlen Ihnen, die Zeit bis zur OP zu nutzen und Kontakt zu einer Hunde-Physiotherapeutin aufzunehmen. Sie kann Ihnen schon im Vorfeld hilfreiche Tipps geben, und Ihr Hund hat die Gelegenheit, bereits jetzt die neue Umgebung kennenzulernen.

Wichtig:

Klären Sie alle noch offenen Fragen. Rufen Sie lieber zweimal öfter den behandelnden Tierarzt, den operierenden Arzt oder auch die Physiotherapeutin an. Stellen Sie Ihre Fragen und äußern Sie offen, wenn Sie Bedenken haben. Diskutieren Sie in aller Ruhe in der Familie die Kostenfrage und stimmen Sie erst dann einer Operation zu, wenn Sie sicher sind, dass Sie alle auf Sie zu kommenden Lasten zeitlicher und finanzieller Art wirklich stemmen können.

Was tun, wenn keine Operation möglich ist?

Paul ist ein sechsjähriger Schäferhundmischling, ein sehr lieber, aber ängstlicher und verunsicherter Hund, über dessen Vorgeschichte niemand etwas weiß. Als seine Besitzer ihn vor zwei Jahren aus dem Tierheim holten, war er in kläglicher Verfassung. Seine HD hatte mittlerweile eine Arthrose verursacht. Paul hatte sich, vermutlich wegen der Schmerzen, nur noch wenig bewegt, und durch den Bewegungsmangel war seine Muskulatur zurückgebildet. Er bot einen kümmerlichen Anblick. Seinen neuen Besitzern gelang es mit viel Geduld, das Vertrauen des Hundes aufzubauen, und Paul fühlte sich bei ihnen relativ sicher. Durch behutsames Training konnte er ein wenig Muskelmasse aufbauen. Natürlich bekam er Schmerzmittel, die er allerdings nicht gut vertrug. Eigentlich hätte seine neue Familie ihn gern operieren lassen, aber nach langen Beratungen befanden sie schließlich, dass Paul durch große operative Eingriffe womöglich psychisch zu sehr traumatisiert würde.

Als Ausweg aus dem Dilemma beschlossen sie, es zunächst einmal mit der Goldakupunktur zu probieren. Dabei setzt der Arzt dem Hund an bestimmten Stellen winzig kleine Goldstückchen (z. B. kleine Abschnitte eines sehr feinen Golddrahts) ins Körpergewebe. Richtig gemacht, kann das in vielen Fällen Schmerzen mindern.

Zwar waren sie skeptisch, wollten jedoch nichts unversucht lassen. Sie informierten sich in Ruhe, recherchierten im Internet, sprachen mit Tierärzten und Hundehaltern, die eigene Erfahrungen mit der Methode hatten, und fanden schließlich einen Arzt, der mit dem Verfahren vertraut war.

Tatsächlich kommt Paul seit dem Eingriff fast ohne Schmerzmittel aus. Für die nächste Zeit planen seine Besitzer ein Aquatraining. Sie werden es langsam angehen lassen, um Paul nicht mit zu viel Neuem zu überfordern.

Morgen ist OP-Termin

Der Tierarzt hat Ihnen gesagt, dass Sie Ihren Hund nüchtern in die Klinik bringen sollen. Fragen Sie sicherheitshalber nach, wann er am Vortag der Operation die letzte Mahlzeit bekommen und ab wann er nichts mehr trinken darf.

Halten Sie sich unbedingt an diese Anweisungen! Warum muss der Hund hungern? Er wird eine Narkose bekommen. Davon wird ihm »komisch«, vielleicht sogar übel. Und wenn er nun, dreiviertel oder ganz weggetreten, plötzlich erbrechen muss, kann er nicht aufstehen, wie gewohnt auf den Wohnzimmerteppich kotzen und dabei seine Atmung kontrollieren. In der Narkose läuft er ernsthaft Gefahr, an seinem Erbrochenen zu ersticken. Vielleicht kann der Arzt die Operation noch rechtzeitig abbrechen und das Schlimmste verhindern – aber sicher ist das nicht. In jedem Fall bedeutet es eine erhebliche Belastung für den Hund: Abbruch der Operation mit allen Risiken, ein neuer Termin, wieder eine Narkose und so weiter. Und dass der Tierarzt über einen solchen Zwischenfall alles andere als glücklich ist, versteht sich.

Also: nüchtern heißt wirklich nüchtern.

Nach der Operation

Die Operation ist gut verlaufen, vielleicht musste Ihr Hund noch ein paar Tage in der Klinik bleiben, doch nun dürfen Sie ihn endlich abholen. Falls noch nicht geschehen, klären Sie vor dem Losfahren, wie Sie den Hund nach Hause transportieren können. Fragen Sie, ob er noch sehr benommen ist, was Sie in den ersten Stunden daheim berücksichtigen und mit was sie eventuell rechnen müssen (große Müdigkeit, Apathie, Appetitlosigkeit usw.). Klären Sie, wie oft der Verband gewechselt wird, und machen Sie gleich einen Termin dafür aus.

Manche Hunde wollen ihre Ruhe haben, mögen allenfalls ein paar Schritte bis zum nächsten Grashalm gehen, um zu schnuppern und ihr Geschäft zu machen.

Ganz anders Kira: Sie will ihren Menschen nahe sein, schmachtet sie Mitleid erregend an und guckt, als sei sie halb verhungert und überhaupt völlig vernachlässigt. Ihre Körperhaltung drückt tiefstes Leid aus.

Hundebesitzer wissen oft nicht, wie sie am besten mit dem vierbeinigen Patienten umgehen sollen. Am besten ist:

So viel Normalität wie möglich!

Die Kinder kriechen um Ihren Hund herum, streicheln und bedauern den Armen, den ganz, ganz armen lieben Hund und halten ihm sogar Wurstscheiben vom eigenen Butterbrot hin?

Bewahren Sie die Fassung. Erklären Sie den Kindern, dass der Hund weder unbedingt Langzeit-Trost, noch Extra-Leckereien oder Dauer-Streicheln braucht. Verwöhnen ist kontraproduktiv. Schlimmstenfalls würde der so sehr Bedauerte sich in die Rolle des tragischen Helden hineinsteigern und/oder einen Daueranspruch anmelden, nach Lust und Laune zu fressen – bis er zuerst seine Figur und in der Folge seine Gesundheit ruiniert.

Gewiss, Ihr Hund hat eine Operation überstanden – aber er braucht kein Mitleiden, sondern seine Menschen, die sachlich-liebevoll mit ihm umgehen. Sie brauchen ihn nicht für etwa entgangene Lebensfreude zu entschädigen. Er braucht wirklich keine Extra-Portion Leckerlis.

Je weniger Tamtam Sie veranstalten, umso eher wird es für Ihren Hund normal sein, dass die Dinge jetzt nun einmal so sind, wie sie sind. Sie tun das, was für die Heilung nötig ist: Sie sorgen dafür, dass er keine Schmerzen hat, nicht Hunger oder Durst leidet und dass er sich nicht langweilt, sondern ausgelastet ist. Bitten Sie den Rest der Familie dringend, dasselbe zu tun.

Auch wenn Sie Mitleid mit Ihrem frisch operierten Hund haben: Überhäufen Sie ihn nicht mit »Trost-Leckerchen« und Bedauern, sondern behandeln Sie ihn so normal wie möglich.

Der Tierarzt gibt Ihnen Verhaltensregeln mit auf den Weg und Schmerztabletten. Er sagt Ihnen, wie lange die Medikamente, die der Hund vor, während und nach dem Eingriff bekommen hat, noch wirken, ab wann Sie ihm Schmerztabletten geben sollen, wie viele und in welchen Zeitabständen. Halten Sie sich unbedingt an seine Anweisungen.

Immer noch Medikamente?

»Muss mein Hund wirklich Schmerzmittel nehmen? Nachher gewöhnt er sich daran.«

»Das sind doch sicher richtige Hämmer. Wird er nicht am Ende tablettenabhängig?«

»Mir wird himmelangst, wenn ich an die tausend Nebenwirkungen denke, die alle auf dem Beipackzettel stehen! Kann ich das meinem kleinen Liebling überhaupt antun?«

»Ist Schmerz nicht etwas Notwendiges, das zum Leben dazugehört?«

Dass Lebewesen überhaupt Schmerzen empfinden können, ist überlebenswichtig. Schmerz schützt, indem er bereits im Vorfeld warnt. Denken Sie an Feuer: wer ihm gefährlich nahe kommt, den warnt der Schmerz: autsch! heiß – wegbleiben!!

Lang anhaltende Schmerzen jedoch verursachen Stress. Dieser Stress ist mehr als der alltägliche Das-Telefon-klingelt-ich-bin-total-fertig-Stress. Dauerschmerzen verursachen eine Art Stress, der den gesamten Organismus negativ beeinflusst und zum Beispiel das Gleichgewicht der vielen verschiedenen Stoffwechsel-Hormone empfindlich stört. Er kann die Atemfunktion einschränken, die Wundheilung beeinträchtigen und sogar das Immunsystem unterdrücken, um nur einige wenige Beispiele zu nennen.

Aisha, Kira, Basco und Chico sollten also möglichst nicht über einen längeren Zeitraum anhaltende Schmerzen haben. Das erspart ihnen massive biologische Folgen.

Noch etwas anderes ist wichtig: Wenn Kiras Bein schmerzt, mag sie nicht laufen. Ohne Schmerzmittel würde sie lediglich für die allernötigsten Geschäfte hinausgehen und sich danach schnellstens wieder auf ihre Decke zurückziehen. Hunde sind, wenn ihnen bestimmte Bewegungen weh tun, vermutlich sehr pflegeleichte Patienten, still und anspruchslos – aber sie sind kaum bereit, irgendeinen Muskel zu trainieren. Bei aller Liebe nicht! Genau das aber ist die vordringliche Aufgabe in den nächsten Wochen.

Muskeln können sich nur durch wiederholte Belastung aufbauen bzw. *wieder* aufbauen, und das bedeutet regelmäßiges Trainieren der betreffenden Muskeln oder Muskelgruppen. Es bedeutet angeleitete, gezielte Bewegung bei angemessener Belastung. Deshalb ist jetzt wirklich nicht die rechte Zeit für markige Ein-Indianer-kennt-keinen-Schmerz-Sprüche, auch nicht für Schmerzmittel-sind-doch-schädlich-Diskussionen oder andere Grundsatz-Erörterungen.

Als Hundebesitzer sind Sie jetzt für die Übungen zuständig, die Ihnen die Physiotherapeutin zeigt und der Tierarzt empfiehlt. Und vor dem Üben sind Sie zuständig für die weitgehende Schmerzfreiheit Ihres Hundes. Geben Sie ihm also die vom Tierarzt verschriebenen Tabletten ohne Wenn und Aber – das ist die Voraussetzung für den Erfolg all Ihrer Bemühungen und Reha-Maßnahmen.

Tipp:

Geben Sie die morgendliche Schmerztabletten-Dosis ausreichend lange vor dem ersten Spaziergang, damit die Wirkung sich bis dahin entfalten kann. Der Tierarzt kann Ihnen sagen, wie lange nach der Einnahme das Medikament zu wirken beginnt und wie lange die Wirkung anhält. Das ist das Zeitfenster, in dem Gassigehen und Trainieren für den Hund am schonendsten sind.

Leinenzwang

Je nach Operationsmethode müssen Sie den Hund längere oder kürzere Zeit ruhig halten, damit die Operationswunde unter dem Pflaster abheilt und der Knochen sich erholt. Falls das neue Gelenk nicht einzementiert wurde, muss es sich erst fest mit dem Knochen verbinden, bevor es belastbar ist. Der Tierarzt hat *absoluten* Leinenzwang angeordnet, das heißt, zunächst dürfen Sie mit Ihrem Hund nur für die notdürftigen Geschäfte hinaus. Auch wenn Sie wieder größere Strecken gehen dürfen, führen Sie den Hund ausschließlich an der Ein-Meter-Leine, am besten mit einem Brustgeschirr. Das ist bitter, und die Zeit kommt Ihnen vielleicht endlos vor – doch wenn Sie den OP-Erfolg sichern wollen, stehen Sie das durch.

Halten Sie sich von anderen Hunden fern, um fröhliche Wiedersehensstürme zu vermeiden. Vielleicht telefonieren Sie in die Runde oder e-mailen, damit alle Hundebekannten informiert sind und wissen, warum Sie plötzlich auf Abstand gehen. »Bitte weitersagen« ist jetzt ausgesprochen erwünscht.

Sprünge auf irgendetwas oder von irgendwo herunter (Stuhl, Mäuerchen, Tisch usw.) sind absolut verboten! Hindern Sie Ihren Hund unbedingt daran, in den Kofferraum zu springen. Und wenn sein Platz die Rückbank ist, darf er trotzdem nicht dort hinaufspringen. Springen belastet alle Gelenke und das heilende Gewebe – damit gefährdet es den OP-Erfolg.

Spätestens jetzt ist es an der Zeit, sich nach einer Einstiegshilfe (s. »Hilfreiches Zubehör«) umzusehen und den Hund daran zu gewöhnen. Diese Hilfe ist nicht nur beim Einsteigen ins Auto unentbehrlich, sondern auch dann, wenn Sie die gewohnte Fellpflege, Kämmen, Bürsten, Ohrenputzen und Krallenschneiden lieber auf einem Tisch statt am Boden erledigen. Zugleich haben Sie mit diesem rutschsicheren Brett ein erstes Übungsgerät zum Bergauf-Laufen.

Chicos Lieblingsplatz ist auf dem Sofa? Auch das Springen auf relativ niedrige Plätze wie Sofa, Bett oder Sessel ist jetzt verboten. Heben Sie Ihren kleinen Hund hinauf oder herunter oder besorgen Sie eine kleine Aufstiegs-Hilfe. Oder Sie gewöhnen ihn an ein Kuschelkörbchen zu ebener Erde.

Kontakt zur Hunde-Physiotherapeutin

Falls Sie es noch nicht getan haben: Erkundigen Sie sich nach einer Hunde-Physiotherapeutin in der Nähe und sprechen Sie mit ihr. Gut ist, wenn Ihr Hund langsam und ohne Stress oder Angst schon vor der OP die neue Umgebung »erobern« darf: Er lernt die Therapeutin kennen (»nette Frau«) und die Praxis (»riecht nach Hund, interessante Sachen«). Gehen Sie behutsam vor, das stärkt sein Vertrauen in die Welt.

Die Therapeutin führt ihn zum Beispiel an das Trampolin oder an den Stofftunnel heran, er beschnuppert alles, was in der Praxis steht und darf schon einmal etwas ausprobieren. Vielleicht gefällt es ihm so sehr, dass er sich später gern daran erinnert (»Kenn' ich schon – super!«) und sich hörbar freut, wenn Sie wieder an diesen (hunde-)freundlichen Ort kommen. Spätestens jetzt sollten Sie erfragen, was an Therapie-Kosten auf Sie zukommt. Wenn Sie den Zeit- und Kostenrahmen kennen, können Sie in Ruhe die nächsten Schritte planen.

Solange Sie nur sehr wenig mit Ihrem Hund laufen dürfen, ist es wichtig, dass Sie ihn passiv bewegen. Die passive Bewegung regt den Stoffwechsel in allem an der Bewegung beteiligten Gewebe an und fördert die Durchblutung. Die bessere Durchblutung fördert die Versorgung der Zellen mit Nahrung, und das wiederum beugt einer Versteifung der Gelenkkapsel vor. Sicherheitshalber unternehmen Sie nichts auf eigene Faust, sondern lassen sich von der Physiotherapeutin zeigen, wie Sie den Hund unterstützen, ohne dabei Schaden anzurichten.

Fallbeispiel: Cracky

Cracky ist ein dreijähriger Labrador. Der Tierarzt muss ihn wegen einer Magen-Darm-Erkrankung röntgen. Die Aufnahmen sind prima, der Bauchraum ist gut zu sehen, die weitere Behandlung steht für den Tierarzt bald fest – aber ihm fällt eine Unregelmäßigkeit an der Hüfte auf. Er schlägt vor, sicherheitshalber auch noch die Hüfte gründlich zu untersuchen.

Die Röntgenaufnahmen der Hüfte zeigen eine HD rechts (Grad C) und links (Grad D). Natürlich sind Crackys Besitzer schockiert! Alarmiert durch diesen Überraschungsbefund, beobachten sie ihn sehr aufmerksam beim Laufen und Spielen: nichts Auffälliges. Im Herbst jedoch, als das bislang warme Wetter ins Nass-Kühle umschlägt, lahmt Cracky deutlich. Vor allem morgens und nach längeren Ruhepausen steht er nur mit Mühe auf. Besitzer und Tierarzt wägen unterschiedliche Möglichkeiten ab. Zunächst bekommt Cracky ein leichtes Muskeltraining und NSAIDs (das bedeutet »non steroidal anti inflammatory drugs«, Schmerzmittel ohne Cortison). Später bekommt Cracky ein neues Hüftgelenk. Im Anschluss an die OP betreut ihn eine Hunde-Physiotherapeutin.

Cracky hat ein neues Hüftgelenk bekommen.

Ernährung

Durch die notwendigen Einschränkungen bewegt sich Ihr Hund deutlich weniger als gewohnt, sein Kalorienbedarf sinkt, und er benötigt entsprechend weniger Futter.

Lassen Sie sich vom Tierarzt beraten, ob und wie Sie die Nahrung am besten reduzieren, ohne dass Ihr Hund an irgendeinem Nährstoff Mangel leidet. Und denken Sie daran, nach Produkten mit Grünlippmuschel-Extrakt zu fragen – für die Arthrose-Vorbeugung und um Sehnen, Bändern und Gelenken Gutes zu tun.

Tipp:

Können Sie einen Teil des Futters durch Obst- und Möhrenraspel ersetzen? Vielleicht können Sie extra-dicke, extra-harte Vollkornhundekuchen selber backen und dabei reichlich Apfel- oder Möhrenraspel unter den Teig mischen? Wenn Sie einen ausreichend großen Kong haben, können Sie den mit Futter befüllen (mehr dazu s. »Hilfreiches Zubehör«) – ein Hund muss sich anstrengen, um alles herauszukriegen. Er ist damit prima beschäftigt, denn die Aufgabe fordert seinen Verstand und seine Geschicklichkeit – auch das macht am Ende müde und zufrieden. Wenn Sie statt kalorienreicher Käsefüllung lieber mageren Hüttenkäse mit Obst- oder Karottenraspeln wählen, tun Sie der Gesundheit Ihres Hundes etwas Gutes. Aishas Frauchen hat eine Küchenmaschine. Jeden Morgen raspelt sie damit ein paar Äpfel, Kohlrabi und Möhren, bewahrt die Raspel im Kühlschrank auf und hat auf diese Weise immer eine Portion gesunde Leckerei vorrätig. Manchmal füllt sie den Kong mit Apfel-Möhren-Raspel und einem Löffel Magerquark, damit ihr Moppelchen nicht »darben« muss …

9. Was macht eine Hunde-Physiotherapeutin?

Jede Therapeutin hat natürlich ihre eigene Methode. Dennoch wird beim ersten Besuch in etwa Folgendes gemacht:

- Sie lässt Ihrem Hund Zeit, sie kennenzulernen (zu beschnuppern), falls er sie noch nicht kennt, und erhebt die Anamnese:

    Wie ist die Krankengeschichte?

    Nach welchem Verfahren wurde der Hund operiert und wann?

    Wer hat operiert?

    Wer ist der behandelnde Tierarzt und Ansprechpartner bei medizinischen Fragen?

    Gibt es irgendwelche gesundheitlichen Probleme, Allergien, Unverträglichkeiten usw.?

- Sie analysiert das Gangbild, das heißt sie schaut sich an, wie der Hund läuft, ob er vielleicht im Passgang geht, ein Bein schont oder lahmt.

- Sie wiegt den Hund.

- Sie misst den Beinumfang, damit sie die vorhandene Muskelstärke einschätzen und später Fort- oder Rückschritte beurteilen kann.

- Sie testet die Muskelreaktionen und schätzt den Gleichgewichtssinn ein.

- Sie legt in Abstimmung mit Ihnen einen Therapie- und Trainingsplan fest.

- Sie zeigt Ihnen, wie Sie ein Trainingstagebuch führen.

Dieses Tagebuch macht nicht viel Mühe, ist aber ein gutes Hilfsmittel für Sie, um von Woche zu Woche Fortschritte zu sehen. Es erleichtert Ihnen zu erkennen, wo noch Defizite sind und was Sie besonders üben sollten.

Fallbeispiel

Frau Bauer hat fast täglich am PC notiert, welche Übung wie gut geklappt hat (sehr gut, mittel, schlecht, mit Anstrengung oder leicht usw.), was Kira besser konnte als zuvor und was noch nicht wieder. So hat sie sie z. B. irgendwann erstmals nach der OP auf einem liegenden Baumstamm balancieren lassen, was sie vorher sehr gut konnte. Jetzt kam sie dabei nur noch ein paar wackelige Schritte weit. An den folgenden Tagen ließ sie den Hund längs über Bänke gehen und ließ keinen hinreichend kräftigen Baum aus, um Kira mit stützendem Halt darauf laufen zu lassen. Ein oder zwei Futterstückchen auf dem Stamm förderten die Motivation, und nach einigem Üben schaffte Kira es schließlich, sich zwei, drei Meter sicher vorwärts zu bewegen.

Das Tagebuch war Frau Bauers Merkzettel für die Physiotherapie: So hatte sie immer parat, was noch nicht recht klappte, welche Übungen Kira nur sehr ungern machte oder sogar verweigerte – dafür musste es einen Grund geben, und der wiederum gab wichtige Hinweise, wie die Therapie weitergehen sollte.

Das Tagebuch zeigte jedoch vor allem deutlich die Fortschritte, die ohne das regelmäßige Aufschreiben im Alltag untergegangen wären. So aber waren alle Erfolgserlebnisse ihres Frauchens auch ein Motivationsschub für Kira.

10. Schonung und Beschäftigung während der Zeit des Leinenzwangs

Vielleicht gehören Sie zu den Menschen, die sich nichts sehnlicher wünschen als ein paar Wochen Schonung, Nichtstun und Faulsein? Erfüllen Sie sich diesen Wunsch, wenn es geht. Sie können in einer Zeit des »Nichts«-Tuns mit Freunden telefonieren, fernsehen, Musik hören, lesen und vieles mehr. Ihr Hund teilt jedoch Ihr Bedürfnis nach großzügiger Befreiung von Arbeit durchaus nicht. Im Gegenteil. Wenn Basco in seinen Wachzeiten keine Zerstreuungsmöglichkeiten hat, ist er bald gelangweilt. Ein unausgelasteter Hund kann unglücklich und depressiv werden – oder gereizt, »zickig«, aufsässig, ungezogen, kurz: unausstehlich. Oder er beschäftigt sich selbst – und das ist erfahrungsgemäß selten nach dem Geschmack seiner Menschen.

Fallbeispiele

Die fünfjährige Labradorhündin Goldie überarbeitete aus Langeweile die gedrechselten Füße der antiken Möbel.

Gecko, ein sechsjähriger Schäferhundmix, riss einen Teil der Tapeten ab und entfernte sorgfältig die Teppich-Fußbodenleisten im Wohnzimmer.

Hunde brauchen Beschäftigung und – gleich nach der Operation – wenig, aber dafür abwechslungsreiche Bewegung und geistige Herausforderungen. Geben Sie daher Ihrem Hund neue Aufgaben. Futtersuche ist zum Beispiel für Aisha hochbefriedigend – und mindestens so wichtig wie Ihr Beruf für Sie ist.

Lassen Sie Ihren Hund Spielzeuge suchen, die Sie zuvor in der Wohnung versteckt haben, Futterbrocken aus zugeklebten Toilettenpapierrollen herausarbeiten oder hinter halb offenen Türen hervorholen.

Lassen Sie ihn probieren, ein paar Topfdeckel vom Fußboden anzuheben – unter einem liegt ein Futterbröckchen.

Stecken Sie einige Futterbrocken in einen alten Socken, verschließen Sie ihn mit einem Gummiring und verstecken ihn – Ihr Hund muss den Socken suchen und Ihnen bringen, bevor sie ihm (jedes zweite oder dritte Mal) etwas daraus geben.

Lassen Sie den Hund immer sitzen, bevor Sie ihn auf die Suche schicken, und wenn er Ihnen den Socken gibt – der Wechsel von Stehen und Sitzen kräftigt die Muskulatur.

Könnte Ihr Hund wieder einmal etwas Neues lernen? Vielleicht einen Trick, an dessen Vervollkommnung Sie drinnen arbeiten können? Stellen Sie sich vor, Sie proben für eine Vorführung beim nächsten Kinderfest oder zu Omas 80. Geburtstag.

Bringen Sie Ihrem Hund bei, Ihnen die Socken auszuziehen oder Handschuhe oder die Strickjacke (nehmen Sie zum Üben eine alte).

Wenn er auf Befehl bellen kann, üben Sie den Trick »der Hund kann rechnen«.

Bieten Sie ihm neue Spiele: Unter welchem Blumentopf ist der Knochen oder der Ball oder das Futterbröckchen versteckt?

Sie sitzen auf dem Boden, und Ihr Hund darf seinen Ball suchen: an Ihrem Körper, in Ihrer Kleidung (Ärmel, Hosenbein, Jackentasche ...)

Suchspiele sind eine gute Möglichkeit, um den Hund geistig auszulasten, ohne ihn körperlich zu überfordern.

Bringen Sie ihm »touch« bei, das Anstupsen mit der Nase: touch die Hand, den Ball, die Tür ... Wenn Sie als Hilfe kleine blaue Zettel auf Kipp-Lichtschalter kleben und am »touch!« weiterarbeiten, kann Ihr Hund bald die Deckenbeleuchtung einschalten.

Er kann lernen, in einem Körbchen Dinge zu transportieren: Eine Packung H-Milch von der Speisekammer in die Küche oder Briefe vom Hausbriefkasten in die Wohnung. Er kann Socken und andere kleine Teile in die Waschmaschine (Frontlader!) packen.

Wie wäre es, wenn jedes Spielzeug einen eigenen Namen bekommt? Bring den Kong, bring den Teddy, den Ball, die Quiek-Ente, die Disc ... Erinnern Sie sich an Rico, den Hund aus »Wetten das?« Der aus 77 Spielzeugen dasjenige herausholt, das sein Frauchen benennt? Nach einer Schulteroperation mit neun Monaten brauchte er körperliche Schonung. Um ihn geistig herauszufordern, hatte sein Frauchen begonnen, ihm die verschiedenen Begriffe beizubringen. Mit neun Jahren kannte er schließlich über zweihundert Begriffe.

Wie wäre es, wenn Sie Ihrem Hund in seiner »Schonzeit« ein paar nützliche Tricks beibringen? Das eigene Spielzeug wegräumen wäre doch toll.

Wir wollen Sie nicht animieren, Ihren Hund auf eine »Wetten dass ...?«-Sendung vorzubereiten, sondern Ihnen an Ricos Beispiel veranschaulichen, welche geistigen Kapazitäten zumindest ansatzweise auch in Ihrem Hund stecken. Talente brauchen Anregung, damit der Hund nicht vor Unterforderung durchdreht.

Intelligenzspiele für Hunde kann man kaufen oder selber basteln. Mehr dazu s. »Hilfreiches Zubehör«, dort finden Sie auch die Adressen für weitere Spielanregungen.

Achtung:

Auch das erlaubte Maß an Bewegung im Haus hängt vom Operationsverfahren und vom Heilungsverlauf ab. Sprechen Sie mit Ihrem Tierarzt oder der Physiotherapeutin darüber und halten Sie sich unbedingt an die Vorgaben.

Sie können auch auf einem Spaziergang Leckerchen draußen verstecken und den Hund diese mit seiner feinen Nase suchen lassen – eine prima Beschäftigung.

11. Was kann die Physiotherapeutin tun?

Die Physiotherapeutin bietet eine Reihe von Möglichkeiten an, wie Sie Ihren Hund entsprechend seines Zustands behandeln kann, um die Heilung zu fördern, Muskeln aufzubauen, Bänder zu kräftigen und Verspannungen zu lösen. Außerdem zeigt sie Ihnen, welche dieser Techniken Sie selbst zu Hause einsetzen können und wie Sie das gefahrlos tun. Und natürlich kann sie Ihnen bestimmte Geräte für eine Weile ausleihen.

Die gebräuchlichsten Verfahren sind:

- ## Massage

  Sie hilft wie beim Menschen und wie Sie es vielleicht selbst schon erlebt haben. Es gibt sogenannte detonisierende Techniken, die entspannend wirken, Verspannungen lösen und dadurch Verspannungsschmerzen beseitigen. Und es gibt tonisierende Techniken, die anregen, die Durchblutung fördern und die Sauerstoffversorgung verbessern.

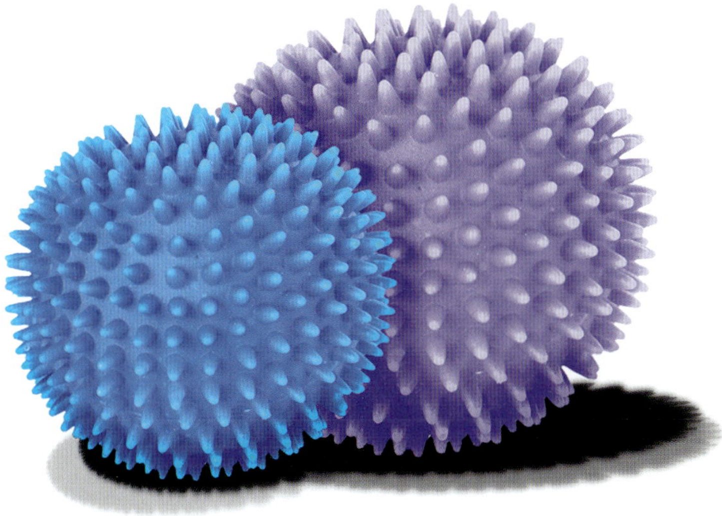

Solche Igelbälle sind gute Hilfsmittel zur Massage.

• Wärmetherapie

Wärme verbessert die Durchblutung, erhöht den Stoffwechsel und entspannt die Muskulatur. Das Bindegewebe (z. B. die Gelenkkapsel) wird flexibler, das bedeutet, dass die Beweglichkeit zunimmt. Deswegen wendet man Infrarotlampen oder Hot-Packs (s. »Hilfreiches Zubehör«) gern vor der Bewegungstherapie an.

• Kältetherapie

Sie verringert die Durchblutung, vermindert Schwellungen und wird gern gegen Entzündungen eingesetzt. (Cold-Packs s. »Hilfreiches Zubehör«)

• Therapeutischer Ultraschall

Während Hot-Packs und Infrarot-Bestrahlung die äußeren Schichten des Körpers erwärmen, erreicht der Ultraschall tiefere Schichten. Die dort entstehende Wärme setzt die Muskelspannung herab, vermindert Schmerzen und verbessert die Durchblutung, was wiederum die Wund- und Knochenheilung beschleunigt. Die Therapie verbessert die Funktionsfähigkeit der Gelenke, und eine etwa bestehende Steifigkeit lässt nach, weil bestimmte Gewebestrukturen dehnbarer werden. Je nach eingesetzter Schallstärke liegt die Eindringtiefe bei 1 - 5 cm, so kann man auch das Geschehen in der Gelenkskapsel beeinflussen.

• Elektrotherapie oder TENS-Therapie

TENS ist die Abkürzung für »Transkutane Elektrische Nervenstimulation« und bedeutet, dass über die Haut mittels elektrischer Impulse die Nerven stimuliert werden. Bei dieser Art der Therapie setzt die Physiotherapeutin ein Reizstrom-Gerät ein. Das klingt bedenklich, ist jedoch wirklich kein Grund, den Tierschutzverein zu alarmieren. Vielleicht haben Sie ein solches Gerät schon in der Praxis Ihrer Physiotherapeutin gesehen, es ist nämlich auch bei der Behandlung von Menschen hilfreich. Es gibt sehr feine elektrische Impulse an den Muskel bzw. an die Nerven ab. Sie können sehen, dass zum Beispiel ein Muskel im Bein Ihres Hundes leise zuckt – das kann so lockernd und schmerzlindernd sein, dass er sich gelöst auf den Boden lümmelt und entspannt döst. Die minimalen Bewegungen, die Sie beobachten, sind Muskeltätigkeiten, die helfen, neues Muskelgewebe aufzubauen, und damit dem Muskelschwund, einer sogenannten Muskelatrophie, wirksam vorbeugen. Zugleich regenerieren sich Nerven und Knochengewebe.

Durch Schonhaltung und Fehlbelastung hat Aisha im Rücken Verspannungen. Sie kennen das vielleicht von sich: Verspannung tut weh. Hunde jaulen bei einem plötzlichen Schmerz auf. Bei länger andauernden Schmerzen leiden sie jedoch stumm. Wenn die Physiotherapeutin die Muskelverhärtungen ertastet und mit einer kurzen Reizstromanwendung vermindert oder ganz beseitigt, ist das für Aisha genauso eine Entlastung wie es für uns Menschen eine Wohltat ist, wenn sich ein Spannungsschmerz auflöst.

Sie können ein solches Reizstrom-Gerät auch ausleihen und Ihren Vierbeiner daheim behandeln – die Physiotherapeutin zeigt Ihnen gern, wie das geht.

Weitere Einsatzgebiete für den Reizstrom reichen von der Muskelkräftigung bis hin zur Lähmungstherapie. Diese Behandlungen sollten jedoch ausschließlich geschulte Physiotherapeutinnen durchführen.

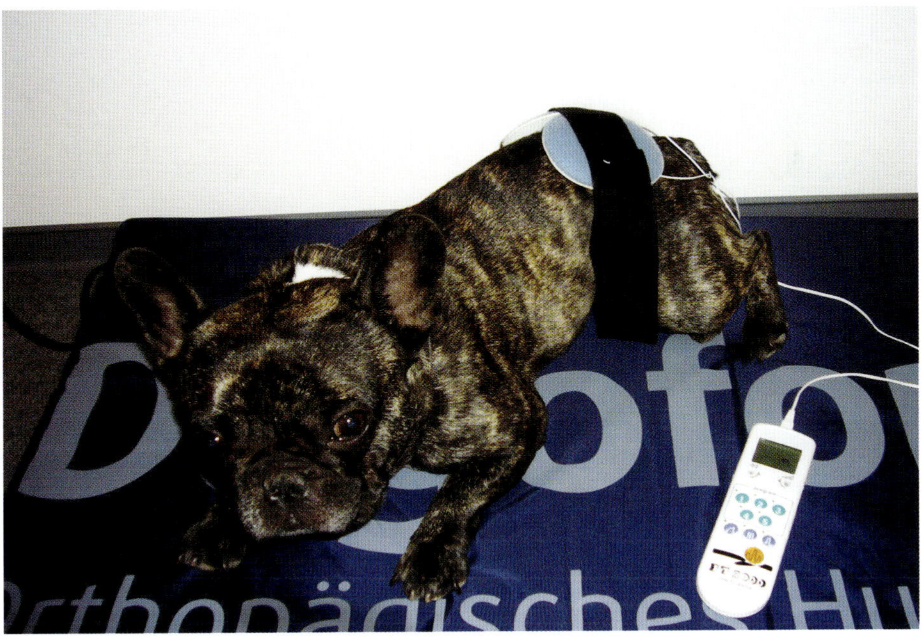

Die Elektro- oder TENS-Therapie stimuliert die Nerven mittels elekrischer Impulse.

• Low-Level-Laser Therapie – Intensive »Lichttherapie«

Das energiereiche Laserlicht durchdringt die Unterhautschichten, wirkt in der Tiefe und bewirkt Muskelentspannung, Schmerzminderung und Durchblutungsförderung. Das regt den Stoffwechsel an. Und das wiederum bedeutet, dass Entzündungsprodukte, Schadstoffe usw. besser abtransportiert werden, was die Heilungsdauer verkürzt.

Wenn sich ein Ödem gebildet hat, d. h. eine Flüssigkeitsansammlung im Gewebe, wirkt die Lasertherapie abschwellend, denn sie trägt zur Aktivierung der Lymphbahnen und des Lymphabflusses bei. Haben Sie selbst schon einmal eine Lymphdrainage erhalten? Die Lasertherapie bewirkt dasselbe. Außerdem wirkt das Laserlicht auf bestimmte Akupunkturpunkte, aktiviert sie und fördert damit die Heilung. Auch Narbengewebe profitiert von der Behandlung, und Liegestellen sind nach wenigen Anwendungen eingedämmt oder sogar abgeheilt.

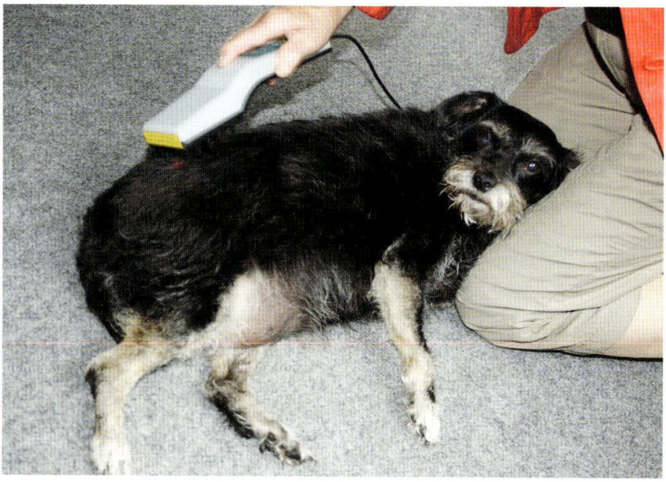

Die Lasertherapie wirkt entspannend, schmerzmindernd und durchblutungsfördernd.

• Bewegungstherapie (aktiv und passiv)

Bei der aktiven Bewegungstherapie macht die Therapeutin mit dem Hund Übungen, die aussehen wie Bewegungs»spiele«. Damit fordert sie gezielt einzelne Muskeln und Muskelgruppen. Bei der passiven Bewegungstherapie liegt der Hund still, und die Therapeutin bewegt beispielsweise seine Beine.

Ziel der Bewegungstherapie ist es, die schmerzfreie Grundbeweglichkeit des Hundes zu verbessern oder zumindest zu erhalten, Muskeln aufzubauen, die Bewegungslust (wieder) zu wecken sowie Kondition und Ausdauer zu fördern.

• Aqua-Therapie

Haben Sie schon einmal Wasser-Gymnastik gemacht? Dann wissen Sie, wie gut es tut, wenn durch den Auftrieb im Wasser das Körpergewicht keine Rolle mehr spielt und dadurch beim Training die Gelenke geschont werden. Ein Hund empfindet es genauso. Der Druck des Wassers wirkt gleichzeitig wie eine sanfte Lymphdrainage, und dadurch nehmen Schwellungen ab. Der Wasserwiderstand fördert den Muskelaufbau, und wenn die Physiotherapeutin für einige Minuten die Gegenstromanlage einschaltet, hat der Hund ein prächtiges Training. Der Wasserwiderstand und der Druck fördern die Durchblutung, kurbeln den Stoffwechsel an und verkürzen damit die Heilungsdauer.

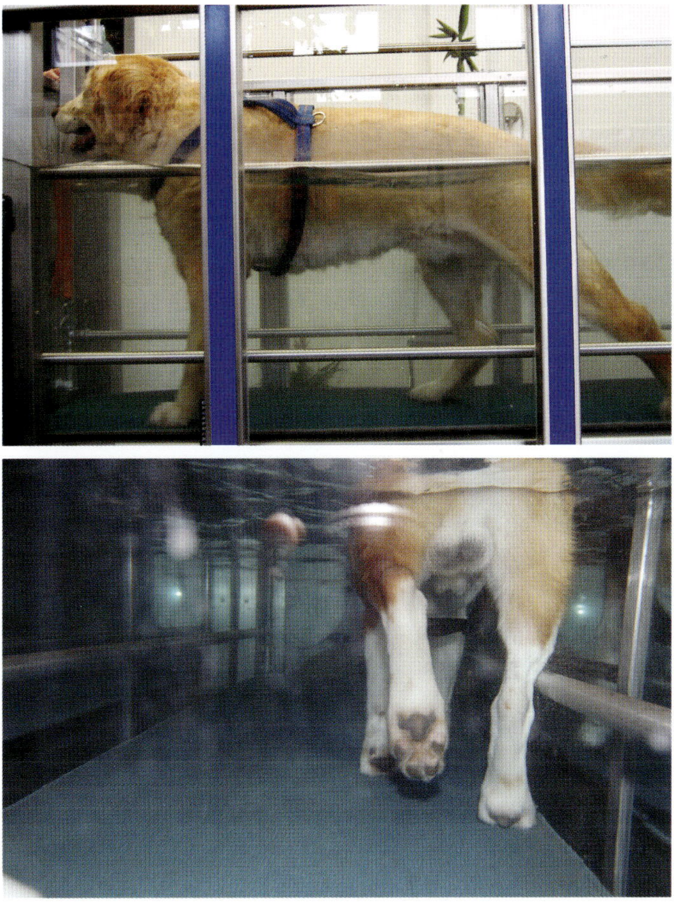

Ein Unterwasser-Laufband ist ideal für Muskelaufbau und Durchblutung.

Die Narbenbehandlung ist ein wichtiges Anliegen der Physiotherapeutin. Warum? Nun, Narben sind als »Schönheitsfehler« bei Hunden wohl von keiner großen Bedeutung. Aber: das zunächst gut durchblutete und daher gerötete Narbengewebe ist weniger elastisch als »normale« Haut, es kann »klumpig« werden und hart. Das kann zu hässlichen Beschwerden führen wie:

- **Juckreiz und Entzündungen**

  Wenn eine Narbe juckt, drückt oder spannt, versuchen manche Hunde, das störende Gewebe wegzuknabbern. An den Knabberstellen entstehen Hautreizungen, die womöglich nässen und ein Paradies für Keime sind (s. u. »Leckstellen«).

- **Schmerzen**

  Narbengewebe ist weniger leicht verschiebbar gegenüber den darunter liegenden Schichten. Bei ganz normalen Bewegungen geben die verschiedenen Schichten unterschiedlich nach, eine ist elastisch, eine andere eher starr und »hält fest« – das kann erheblich schmerzen.

- **Leckstellen**

  Wenn Hunde viel an ihrer Haut lecken, kommt es leicht zu Leckekzemen. Viele Menschen glauben immer noch, Hundespeichel wirke heilend. Das Gegenteil ist richtig! Und weil die Haut vom Lecken immer feucht ist, bietet sie allen möglichen Erregern wie z. B. Pilzen einen idealen Nährboden.

- **Narbenwülste**

  Wenn die Narben sehr dick werden, spricht man von Narbenwülsten. Je dicker sie sind, umso mehr stören sie durch ihre Zähigkeit und geringe Elastizität, und umso größer ist die Gefahr von Schmerzen, Leckstellen usw.

- **Allergische Reaktionen auf Nahtmaterial**

  Wie Menschen auch können Hunde bei entsprechender Veranlagung auf eine Substanz allergisch reagieren, sogar auf die Fäden, mit denen eine Operationswunde geschlossen wurde. Das behindert natürlich die Wundheilung. Die Physiotherapeutin hilft, eine solche allergische Reaktion früh zu entdecken, so dass Sie dagegen vorgehen können.

Einkapselungen von Restnahtmaterial

Wenn sich Nahtreste nicht vollständig auflösen, wehrt sich der Körper und versucht, die Fremdkörper durch »Einkapseln« unschädlich zu machen. Therapeutischer Ultraschall und/oder eine intensive Narbenmassage helfen dem Körper, das Nahtmaterial schneller zu resorbieren.

Die Physiotherapeutin arbeitet an der Narbe mit dem Ziel, ein Verkleben und Verwachsen des Gewebes zu verhindern, um eine optimale Beweglichkeit und Schmerzfreiheit zu erreichen. Sie wird Ihnen zeigen, wie und womit Sie selbst zu einem Erfolg beitragen können.

12. Nach dem Fädenziehen

Medikamente

Braucht der Hund immer noch Schmerzmittel? Ja, auf jeden Fall, wenn er ohne Tabletten Schmerzen hat. Muskelaufbau und Bewegungstraining sind nach wie vor nur sinnvoll, wenn der Hund weitgehend schmerzfrei mitmachen kann. Sprechen Sie mit dem Tierarzt darüber und fragen Sie auch nach möglichen Alternativen wie zum Beispiel homöopathischen Mitteln.

Ernährung

Nahrungsergänzungsmittel mit Grünlippmuschel-Extrakt haben wir bereits erwähnt, es beugt der Entstehung von Arthrose vor. Achten Sie darauf, dass das Futter genügend hochwertiges Eiweiß enthält. Eiweiß baut die Muskeln auf, allerdings ist der Bedarf bei jedem Hund anders, abhängig vom Alter und dem allgemeinen Gesundheitszustand. Fragen Sie den Tierarzt, welches Futter mit welchem Eiweißgehalt er empfiehlt.

Achtung:

Hunde können rohes Eiklar nicht verdauen – verwenden Sie das lieber zum Backen von Kokosmakronen. Aber bitte nur für Ihre menschlichen Familienmitglieder.

Fallbeispiel:

Kira liebt Eidotter über alles. Sie bekommt drei-, viermal in der Woche eines – dafür muss sie sich aber auch anstrengen. Sie konnte vor ihrer Operation »Männchen« machen (sitzen mit erhobenen Vorderpfoten). Nach der Operation hat sie es erst wieder mühsam gelernt. Für ihr Eidotter-Schüsselchen hält sie nach einiger Zeit der Übung tapfer bis zu zehn Sekunden lang das Gleichgewicht.

Der Leinenzwang ist aufgehoben – und jetzt?

Endlich hat der Tierarzt den Leinenzwang für beendet erklärt. Das heißt jedoch nicht, dass Ihr Hund raus aus dem Haus und lospreschen darf. Lassen Sie die neue alte Bewegungsfreiheit unbedingt ruhig und gemessen angehen.

Fragen Sie den Tierarzt, wie lange Sie mit Ihrem Hund spazieren gehen dürfen, und in welchen Abständen Sie die Zeiten um wie viele Minuten ausdehnen können.

Gehen Sie zügig bis flott und beobachten Sie, wie Ihr Hund neben Ihnen schreitet oder trabt, und haben Sie ein Auge darauf, ob er humpelt und ein Bein schont (welches?).

Allmählich dürfen Sie wieder länger laufen, schließlich dürfen Sie mit dem Hund ein Stück joggen, und vielleicht bekommen Sie sogar die Erlaubnis, langsam mit dem Rad zu fahren, während der Hund Sie begleitet. Er soll keinesfalls galoppieren.

Wilde Rennereien hinter einem Ball oder hinter einer Frisbee-Scheibe her, feurige Begrüßungen der so lange vermissten Hundefreunde und Fang-mich-doch-Spiele mit alten Kumpels sind zwar verlockend, aber Sie müssen Ihren Hund noch bremsen, bis Sie sicher sein können, dass es ihm nicht schadet.

Gehorsamsprobleme nach der langen Zeit an der kurzen Leine

Manchmal ist die Zeit der Einschränkungen für einen Hund zu lang, vor allem wenn er schon immer einen großen Bewegungsdrang hatte und ein reiches, bewegtes Sozialleben gewohnt war. Kann sein, Sie stellen verblüfft fest, dass wie aus dem Nichts Unarten auftauchen: Die brave Goldie hört nicht mehr auf den üblichen Pfiff, und Dart zeigt plötzlich einen Hang zum Jagen.

Tipp:

Vielleicht hilft Ihnen eine Weile Training mit der Schleppleine?

Oder ein konsequentes Anti-Jagd-Training? (z. B. »Mit 10 Metern zum Erfolg« und »Antijagdtraining«, s. »Hilfreiches Zubehör«)

Zumindest einige Übungen zur Impulskontrolle sowie zum Gehorsams- und Aufmerksamkeitstraining könnten Ihnen helfen, eventuelle Gehorsamsprobleme zu lösen. Es mag Ihnen schwerfallen, den gerade erst »freigelassenen« Hund gleich wieder mit Erziehungsansprüchen »einzufangen«, und Sie denken: »Er will doch auch mal seine Freiheit haben ... das Leben genießen ... endlich wieder richtig rennen.« Doch wenn Sie die schlechten Sitten erst mitleidsvoll einreißen lassen, ist es hinterher sehr schwer, die Autorität wiederzugewinnen und die Unarten wieder in akzeptables Benehmen umzuwandeln.

Aqua-Joggen als Reha-Maßnahme

Endlich sind die Operationswunden verheilt, die Fäden gezogen, und der Tierarzt hat keine medizinischen Einwände gegen die Aqua-Therapie. Haben Sie schon einmal vom Unter-Wasser-Laufband gehört und konnten sich nichts darunter vorstellen? Lernen Sie es kennen!

Nach einem ausführlichen Gespräch erkunden Frau Bauer und Kira das Gerät – es ist wirklich imposant. Kira liebt alles, was mit Wasser zu tun hat, und die feuchtwarme Luft riecht verlockend. Das große »Aquarium« im Raum mit merkwürdigem technischen Zeug drum herum und dazu die sonderbaren Geräusche beeindrucken sie sehr.

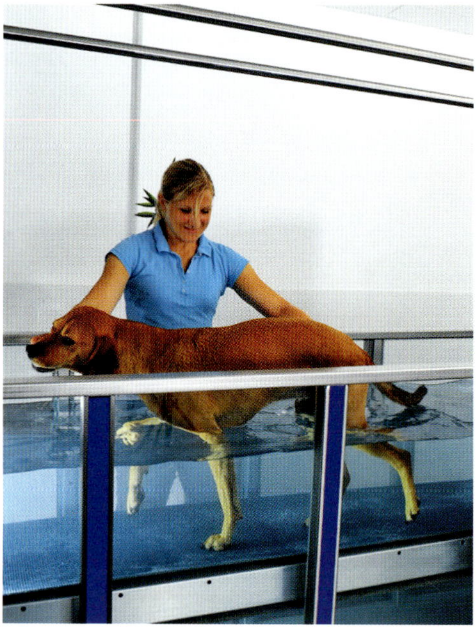

Aqua-Jogging ist auch für Hunde eine ideale Reha-Maßnahme.

Frau Dr. Häusler berichtet aus ihrer Praxis:

»Bei der ersten Behandlung ist es wichtig, beim Tier und gleichermaßen bei seinem Besitzer Unsicherheit und Angst vor der neuen Situation aufzufangen. Ich empfehle, beim ersten Besuch etwas Besonderes für den vierbeinigen Patienten mitzunehmen – sei das nun eine besondere Delikatesse oder ein innig geliebtes Spielzeug. Für den Fall, dass Aisha ihre üblichen Top-Schmackofatze oder Chico seinen heißgeliebten Teddy nicht beachtet, könnte der menschliche Begleiter vorsichtshalber ein paar unterschiedliche Dinge mitnehmen und sie aus der Tasche zaubern, um der neuen Situation mit einer verlockenden Überraschung das Erschreckende zu nehmen.

Die erste Behandlung gestaltet sich von Hund zu Hund unterschiedlich. Duffy hat überhaupt keine Scheu, das Laufband zu betreten. Ganz anders Dart, für ihn brauche ich Zeit, ohne längere Überredung läuft bei ihm gar nichts. Darts Frauchen ist es unangenehm, dass ihr Hund sich weigert, die Stufe zum Laufband zu erklimmen. ›Er ist doch sonst nicht so‹, klagt sie, und in ihre Stimme schleicht sich leise Ungeduld ein und ein Ansatz von Strenge.

Das oberste Gebot: Ruhe bewahren! ›Das macht nichts‹, erkläre ich ihr. ›Dart ist vorsichtig und bedachtsam, das ist positiv. Ein impulsiver Hund bringt sich leicht in Gefahr. Mit Druck würden wir sein Unbehagen verstärken, er käme in Stress, würde sich sträuben und völlig verspannen – das wäre kontraproduktiv. Ein aus Angst verspannter Körper kann nicht gelöst trainieren, und am Ende wäre ihm alles hier verleidet. Außerdem würde er beim Heimgehen den Eindruck mitnehmen, dass dies hier ein fieser Ort ist, an dem er nur Unfreundliches erlebt. Und beim nächsten Mal würde er schon vor der Haustür Schlimmes befürchten.‹

Schließlich steht Dart auf dem Laufband. Ich lasse es zuerst hoch fahren und schiebe es dann seitlich über das Wasserbecken. Schließlich lasse ich es sehr langsam hinunter, bis Dart mit den Füßen im Nassen steht. Fressen oder Quietschtier und Frauchens freundliches Zureden versichern ihm, dass alles okay ist. Lob, Futterbröckchen und Spielzeug machen ihm die Unternehmung schmackhaft. Jetzt senke ich Stück für Stück das Laufband tiefer ins Wasser. Es ist leicht temperiert, so dass Dart nicht friert – trotzdem braucht er eine Weile, bis er merkt, dass all das Fremde hier nicht wirklich gefährlich ist. Je tiefer der Hund ins Wasser abgesenkt wird, desto größer ist die Gewichtsentlastung. Das ist neu für ihn, zumal er es nicht durch hinein- und herauslaufen kontrollieren kann. Mit der Zeit spürt er jedoch die Entlastung. Wenn die Lauffläche sich zu bewegen beginnt, ist er zunächst verdutzt und spürt dann sehr bald, dass er tatsächlich auf dem merkwürdigen Untergrund laufen kann – und sogar überschwänglich dafür gelobt wird.

Es geht bei diesem ersten Kontakt mit dem Unter-Wasser-Laufband noch nicht so sehr um Training, sondern lediglich darum, dem Hund zu versichern, dass niemand ihm Böses will. Diese ersten Erfahrungen sind entscheidend für den weiteren Verlauf der Therapie. Denn wenn er am Schluss für sich befindet, dass dies alles nicht fürchterlich war, sondern eigentlich ganz nett, wird er beim nächsten Mal, wenn nicht begeistert, so doch zumindest überwiegend gern zur Behandlung kommen und mitmachen.

Selbst die Besitzer, die vorher der Meinung waren, dass ihr Hund entweder wasserscheu oder sehr stur ist, sind spätestens nach dem dritten oder vierten Mal vollends überzeugt vom Training. Unsere Hunde spüren in der Regel sehr bald, was Ihnen gut tut. Oder sie lassen sich rasch überzeugen.«

Es ist faszinierend, einem Hund auf dem Unterwasserlaufband zuzusehen. Er läuft mit weit ausgreifenden Schritten, seine Bewegungen sind gleichmäßig »rund«, und es ist, als könne man die Wohltat für die Gelenke sehen. Hin und wieder läuft die Gegenstromanlage, und der Hund muss sich ins Zeug legen; dann wieder befestigt die Physiotherapeutin an seinen Hinterbeinen eine Art Schwimmringe, gegen deren Auftrieb er Kraft aufwenden muss. Nach einer halben Stunde hat er ein tolles Programm absolviert und schläft erst einmal ein paar Stunden.

Ausblick

Nun haben Sie bzw. Ihr Hund eine Physiotherapeutin, dazu einen Therapieplan, Termine und einige Wochen Hunde-Reha vor sich. Die Therapeutin wird Ihnen vieles zeigen, das in diesem Buch gar nicht auftaucht, sie wird Ihnen Übungen erläutern und »Hausaufgaben« geben. Wir haben einen Teil des Buches den Do-it-yourself-Muskelaufbau-Übungen gewidmet, die wir uns für den Hunde-Alltag ausgedacht haben. Diese Übungen können nicht das äußerst wirksame Aqua-Joggen ersetzen. Aber sie zeigen Ihnen praktikable Möglichkeiten, wie Sie mit wenig Aufwand mit Ihrem Hund Neues spielen und zugleich sinnvoll trainieren können. Je nachdem, wie die Umgebung bei Ihren Spaziergängen aussieht (Wald oder Park?), können Sie sich aus dem Übungsteil etwas Passendes aussuchen und, wenn es Ihnen gefällt, ausprobieren. Einige Übungen eignen sich für die Wohnung oder für den Garten – experimentieren Sie! Und denken Sie daran: Ob Sie die Übungen »Training« nennen, »Krankengymnastik«, »Reha« oder »Physio-Hausaufgaben« – dem Hund ist die Bezeichnung völlig schnuppe. Er ist glücklich, wenn Sie sich mit ihm beschäftigen, wenn Sie miteinander etwas tun. Es ist ihm auch ziemlich egal, was Sie machen, Hauptsache, sie tun es gemeinsam, es ist abwechslungsreich und Sie haben beide Freude dabei.

13. Praxisteil – Übungen zum Muskelaufbau

Die nachfolgenden Übungen dienen dem Muskelaufbau. Ihr Hund kann sie machen, bevor eine Operation notwendig ist, damit ein strammeres Muskelpaket besser seine Hüftgelenke stützen und schützen kann. Beginnen Sie langsam und steigern Sie Übungsdauer und -frequenz

Ein bisschen Grundsätzliches

Nach der Operation dienen die Übungen demselben Zweck, aber klären Sie unbedingt mit dem Tierarzt, wann Sie nach der OP mit den einzelnen Übungen beginnen dürfen. Zwar haben wir bei einigen Übungen Angaben dazu eingefügt, das sind jedoch nur Anhaltspunkte, denn jede OP ist anders, verläuft anders, und der Heilungsverlauf unterscheidet sich von Hund zu Hund. Sprechen Sie also unbedingt mit Ihrem Tierarzt.

Kein Hund versteht, dass es bei den Übungen um seine Gesundheit geht. Also müssen Sie sie ihm schmackhaft machen. Vermitteln Sie ihm: »Mehr Action statt latschen« – von jetzt an machen wir lauter neue Spiele! Für die meisten Hunde kann es ohnehin nie genug Abwechslung geben, ihnen kommt alles Neue gelegen, und Altes wird zum Glück nach ein paar Tagen Pause wieder neu.

Am liebsten arbeitet der Hund mit der Aussicht auf eine Belohnung. Für Basco, der Spiele liebt, heißt das, den Ball zurückbringen dürfen oder ein kleines Zerrspiel mit Knotentau oder Kong.

Aisha ist in erster Linie auf Nahrungsaufnahme aus. Spielen mag sie natürlich, Suchspiele vor allem. Aber vorrangig ist sie für Fressbares. Sie sucht und bringt begeistert den Futterdummy und freut sich, wenn sie ab und zu einen Happen daraus bekommt.

Ein paar Zubehörteile zum Spielen gehören auf jeden Spaziergang. Sie brauchen nicht mehr als jeweils zwei, aber Sie tauschen sie immer wieder aus: Kaum ein Hund mag sechs Wochen lang dreimal täglich immer dieselben Spielsachen. Wenn die Quietsch-Ente verschwindet und nach ein paar Tagen wieder auftaucht, ist sie viel interessanter, als wenn Basco sie schon an fünf aufeinander folgenden Tagen morgens, mittags und abends abgenudelt hätte. Und dann brauchen Sie Futterbröckchen.

Vergessen Sie Knabbersticks und Hundeschokolade. Was es bislang an Leckerchen und Naschzeug gab, ersetzen Sie durch Bröckchen oder Brocken von der Tagesportion Trockenfutter – alles andere streichen Sie am besten komplett von Ihrer Einkaufsliste. Damit sparen Sie Kalorien (und Geld).

Sehr praktisch: Der Futterdummy

Für die Arbeit mit und ohne Futter hat sich ein haltbarer, verschließbarer Beutel bewährt, ein Futterdummy, den Sie selber nähen oder kaufen können (s. »Hilfreiches Zubehör«). In diesen Futterdummy füllen Sie einen Teil der täglichen Futterration – abhängig von der Zahl der Spaziergänge/Trainingseinheiten. Füllen Sie bei drei Spaziergängen jedes Mal etwas weniger als ein Drittel der Tagesration in den Dummy, bei vier Spaziergängen etwas weniger als ein Viertel. Was übrig bleibt, also das, was Sie weniger als ein Drittel oder ein Viertel eingefüllt haben, behalten Sie als Reserve für besondere Gelegenheiten bis nach dem letzten Spaziergang am Abend zurück – für kleine zusätzliche Übungen daheim.

Das Aufteilen mag Ihnen übertrieben pingelig vorkommen, ist aber hilfreich, damit Sie Aisha nicht vor lauter Motivieren, Anleiten, Üben und Belohnen überfüttern. Aisha hat grundsätzlich Appetit, auch Basco starrt sabbernd den Futterdummy an, und Sie haben immer einen Grund, Ihren tollen Hund zu belohnen – es gibt jedoch keinen vernünftigen Grund, warum Ihr Hund beim Training zunehmen sollte. Im Gegenteil: Jedes (wirklich jedes!) Gramm Gewicht zu viel belastet den Körper unnötig, strapaziert Gelenke und Bänder, belastet den Kreislauf und vermindert dadurch beim Hund die Lust, Neues mit Ihnen zu machen und etwas für seinen Muskelaufbau zutun. Leichtes Untergewicht ist gesünder als jedes noch so geringe Übergewicht! Nutzen Sie bei jedem Tierarztbesuch die Waage in seiner Praxis und fragen Sie den Arzt, was er von Aishas und Bascos Gewicht hält. Er berät Sie gern, wie Sie, wenn nötig, eine Gewichtsabnahme am besten bewerkstelligen.

Tipp:

Halten Sie den Futterdummy unterwegs immer in Reichweite. Manchmal darf Ihr Hund ihn ein Stück weit tragen – vielleicht bis zur nächsten Bank oder zum nächsten Holzstoß – wo immer Sie eine Übung in den Spaziergang einbauen. Ein Spielzeug (Knotentau zum Zerren, den Kong ...) tragen Sie griffbereit in der Tasche. Oder Sie stecken ein kleines Spielzeug in den Dummy, den darf Ihr Hund suchen, apportieren und zuletzt mit dem Inhalt spielen.

Eine Belohnung gibt es nicht erst nach dem Training, sondern sofort nach einer neuen Übung, später nach zwei oder drei Wiederholungen und noch später, für den Hund unvorhersehbar, nach vier, zwei, fünf, einer, drei ... Wiederholungen. Ein freundliches Wort gibt es immer, wenn er etwas korrekt gemacht hat. Hat er etwas falsch gemacht, übergehen Sie den Fehler schweigend – jedes ablehnende Nein! wäre ein Tadel, enttäuscht den Hund oder entmutigt ihn. Beginnen Sie einfach erneut.

Fragen Sie den Tierarzt, wann Sie nach der Operation mit einfachen Übungen anfangen dürfen, wie lang Ihre Spaziergänge idealerweise sein sollen und wie Sie sie allmählich ausdehnen können. Am besten können Sie die Bewegungen Ihres Hundes kontrollieren, wenn er ein Brustgeschirr trägt (s. »Hilfreiches Zubehör«), an dem Sie eine kurze Leine befestigen. Zu Beginn des Spaziergangs, in der Aufwärm-Phase, darf er seine Gehgeschwindigkeit selbst bestimmen – vielleicht tut ihm doch noch etwas weh?

Draußen muss Ihr Hund sich zuerst lösen. Das Beinheben klappt womöglich noch nicht wieder oder er ist unsicher – bedauern Sie ihn nicht, sprechen Sie freundlich mit ihm, das beruhigt, falls er verunsichert ist durch das »fremde« Körpergefühl.

Belastung der Hinterhand

Führen Sie Ihren Hund zu einer Bank (einem niedrigen Mäuerchen o. Ä.) und locken Sie ihn mit einem Futterbrocken oder dem Dummy so weit heran, dass er die Vorderpfoten auf die Bank oder das Mäuerchen legen kann.

Mit einem kleinen Hund üben Sie entsprechend seiner Größe an einem Baumstumpf, einem liegenden Baumstamm, evtl. an einem Stein – der Hund sollte mit den Hinterpfoten auf dem Boden stehen, mit den Vorderpfoten leicht erhöht.

Wenn Sie wissen, dass er gern springt, halten Sie ihn mit der Hand am Brustgeschirr, sagen Sie »Schriiitt«, während Sie das Bröckchen etwas oberhalb seiner Nase über die Bank führen, so dass er, weil er zum Fressen will, die Vorderpfoten auf die Sitzfläche stellt. Halten Sie jetzt das Futterbröckchen ein paar Sekunden hoch. Der Hund reckt sich danach, streckt sich lang, vielleicht beugt er sich sogar ein wenig nach hinten – super! Jetzt darf er den Happen haben.

Während er sich hochreckt, schauen Sie einmal hinunter auf seine Zehen. Wenn der Hund seine Beine belastet, spreizen sich die Zehen ein wenig. Tun sie das an einem Fuß kaum oder gar nicht, tut ihm vielleicht etwas weh oder er fürchtet, es könnte

An einem niedrigen Baumstumpf oder einer anderen Erhöhung kann man die Hinterhand des Hundes schonend belasten.

gleich zwicken, oder er hat noch keinen rechten »Draht« zu diesem Bein. Beobachten Sie das Spreizen der Zehen regelmäßig – Sie werden feststellen, dass es nach einiger Zeit des Trainings beidseits deutlicher zu sehen ist – ein Zeichen dafür, dass der Hund die Beine besser belastet.

Tipp:

Ihr Hund trägt den Futterdummy die letzten fünf oder zehn Meter bis zu einer Bank (einem Mäuerchen ... usw.), legt ihn dort ab (»hinlegen!«) und steht mit den Vorderpfoten auf der Bank. Sie nehmen den Dummy, halten ihn hoch, der Hund muss sich weit vor- und zurückbeugen, Sie öffnen den Dummy, nehmen einen Futterhappen, halten ihn hoch, der Hund beugt sich noch einmal vor und zurück ... schließlich darf er ihn fressen.

Aus »Apport«, gehen, »hinlegen«, »Schriiitt«, vor- und zurückbeugen, fressen ... wird eine ganze Übungssequenz, die in ihrem Ablauf gleich bleibt, die Sie aber dennoch ständig variieren können, damit es nie langweilig wird.

Kira fand die Sequenz so toll, dass sie nach einiger Zeit tags und sogar im Dunkeln jede Bank ansteuerte, den Dummy darauf legte und begehrlich ihre Vorderpfoten daneben stellte: »Noch mal!«

Statt einer Parkbank können es natürlich auch Holzstapel neben einem Waldweg sein. Lassen Sie sich inspirieren. Ihnen werden die Bänke allmählich langweilig? Suchen Sie einen Baum mit sehr grober Rinde (z. B. eine Kiefer). Schätzen Sie ab, wie hoch Ihr Hund mit der Nase hinaufreicht, wenn er auf den Hinterbeinen steht, und klemmen Sie in dieser Höhe Futterstückchen in die Rinde. Die darf er suchen und fressen. Wenn er erst noch an der Rinde kratzen oder nagen muss, bis der Happen für seine Zähne zu fassen ist, so ist das hervorragend. Er belastet die Hinterbeine während der ganzen Zeit – eine anstrengende Sache, die sich jedoch lohnt: für den Hund und seine Muskulatur!

Wie hoch reicht Ihr Hund mit der Nase am Baum hinauf, wenn er auf den Hinterbeinen steht? Ein optimales Muskeltraining.

Wenn er begriffen hat, dass es an manchen Bäumen etwas zu fressen gibt, stellt er sich sicher, wenn Sie es ihm nahe legen (»such weiter!«), aufrecht an einen Baum und trippelt ein Stückchen nach rechts und links, weil es dort auch nahrhaft riecht – und belastet dabei wunderbar seine Beine. Und es riecht dort nahrhaft, weil Sie einen Futterbrocken an einen Zweig gesteckt, den Dummy in eine Astgabel geklemmt oder ein paar Bröckchen in einem Loch im Baum versteckt haben.

Sie können das Aufrecht-Stehen ausweiten, indem Sie etwas in die Rinde reiben, das der Hund nicht mit einem Haps herausholt, sondern an dem er eine Weile lecken muss – ein Stückchen Banane vielleicht oder einen Klecks Nassfutter. Lassen Sie Ihrer Fantasie freien Lauf.

Wenn Ihr Hund Nasenarbeit liebt, können Sie mit einem Futterbrocken (Trockenfleisch oder -fisch) oder mit dem Dummy eine Spur ziehen, während Ihr Hund absitzt oder festgebunden ist. Führen Sie Ihren Hund zum Beginn der Spur, sagen Sie »such!« und lassen Sie ihn die Spur verfolgen, auch den Baum hinauf so weit wie er kann und bis er findet, was er sucht.

Ein Gymnastikball eignet sich ebenfalls gut, um die Hinterhand des Hundes schonend zu belasten. Die zusätzliche Unterstützung des Rumpfs ist besonders bei alten Hunden oder solchen mit sehr schwacher Hinterhand gut.

Tauziehen (frühestens zwei bis drei Monate nach der OP)

Wenn am Waldrand ein Hochsitz steht, nehmen Sie ihn als Übungsgerät. Sie brauchen ein Spielzeug mit einem Seil, an dessen Ende eine Schlaufe ist (z. B. einen Ball mit einem Schleuderseil). Das Seil hängen Sie über eine Sprosse, stecken den Ball durch die Schlaufe und ziehen dann das Ganze fest. Jetzt baumelt der Ball verlockend herab. Kontrollieren Sie die Höhe – wenn Ihr Hund den Ball im Stehen auf leicht gebeugten Hinterbeinen erreicht, ist es genau richtig. Fordern Sie ihn auf, den Ball zu bringen, machen Sie ihn richtig heiß darauf. Lassen Sie ihn daran ziehen, feuern Sie ihn an. Nach einer kleinen Weile, während er noch mitten im Kampf um den Ball ist, sagen Sie »aus« und lassen ihn absitzen. Loben Sie ihn, er hat es super gemacht! Beenden Sie das Spiel, *bevor* er die Lust verliert. Wenn er das Gezerre in guter Erinnerung behält, spielt er beim nächsten Mal gern wieder mit.

Ein fest geknotetes Seil mit Ball eignet sich gut zum Tauziehen und damit zum Muskeltraining.

Vorsicht:

Ich hatte die glorreiche Idee, das Seil mit Hilfe der Hundeleine zu verlängern, den Ball an der Vorderseite der Hochsitzleiter baumeln zu lassen, während ich hinter der Leiter die Leine festhielt. So weit, so gut: mein Hund zog am Ball – ich zog an der Leine, er zerrte und knurrte und kämpfte – ich zog nach Leibeskräften. Alles bestens. Bis – er den Ball losließ, und ich mich abrupt am Boden befand ... Wenn Sie das Tauziehen mit Ihrem Hund nachmachen, achten Sie also bitte darauf, dass Sie hinter sich einen festen Halt haben. Falls Ihr Hund loslässt!

Beugen der Hinterhand

Basco steht vor Ihnen und fixiert ein Spielzeug, das Sie über seine Nase halten und leicht Richtung Hinterteil führen. Er knickt die Hinterbeine schon ein, als wolle er sich hinsetzen – das ist genau der Moment, den Sie loben und bestätigen.

Tipp:

Wenn Sie schon mit dem Clicker gearbeitet haben, wissen Sie, dass Sie damit dem Hund punktgenau »sagen« können, was Sie von ihm wollen. Wenn nicht, finden Sie im Kapitel »Hilfreiches Zubehör« Quellen für weitere Informationen.

Diese halbe Hockstellung ist schwer zu lernen, weil Hunde gern weiter ins Sitz gehen, so, wie sie es gewohnt sind. Wenn es nicht klappt, üben Sie es später wieder.

Aisha steht vor einer Bank, Sie haben ein paar Futterbrocken in der Hand und werfen sie unter der Bank hindurch. Wenn Aisha sie kriegen will, muss sie die Vorderbeine tief beugen, damit sie voraus unter der Bank suchen und fressen kann. Die Hinterbeine beugt sie dabei auch, und damit sie sich nicht einfach hinlegt, bücken Sie sich und kraulen energisch ihren Bauch. Nach ein paar Wiederholungen hat sie begriffen, wie es geht.

Die »halbe« Sitzstellung, quasi eine Hocke, ist ein super Training für die Hinterhand, aber für den Hund zunächst schwer zu erlernen.

Mit einem Futterbröckchen locken Sie Ihren Hund halb unter die Bank und lassen dann einen Ball mit Seil dran vor seiner Nase zappeln. Ist er scharf auf Bälle, schnappt er ihn und zieht, um ihn unter der Bank hervorzuzerren. Sie halten fest, lassen immer mal wieder etwas locker und rucken, um so seinen Beutetrieb anzustacheln. Bevor er resigniert aufgibt, darf er die Beute kriegen und »totschütteln«.

Durch den Tunnel

Auf manchen Hundeplätzen gibt es runde Tunnel, Stoffröhren, durch die der Hund hindurchlaufen muss. Es ist gut, wenn er dabei nicht mit hoch erhobenem Kopf laufen kann, sondern wenn er durch leichte Beugung der Beine seine Beinmuskeln beansprucht.

Wenn Sie keinen Tunnel haben und auch keine solche Stoffröhre kaufen wollen, können Sie Aisha ebenso gut ein paar Mal unter einer Bank durchrobben lassen oder unter dem Sofa hindurch, unter einem Stuhl oder besser noch unter mehreren Stühlen in Reihe, die einen Tunnel bilden,unter Ihren Beinen hindurch (Sie sitzen am Boden und stellen die Beine an oder legen die Füße hoch).

Beim Tunnellauf muss der Hund seine Hinerhand beugen und damit seine Muskeln beanspruchen.

Wenn Ihre Kinder mit gegrätschten Beinen mäßig dicht hintereinander stehen, kann Basco unter der Brücke aus Kinderbeinen durchlaufen. Probieren Sie, wie weit die Kinder ihre Beine grätschen können – die Brücke wird immer niedriger, und Basco muss sich anstrengen, damit er noch hindurchpasst.

Gleichgewichtsübungen

Gleichgewichtsübungen sind immer gut: Für den gesunden Hund zur Vorbeugung, nach der OP zur Kräftigung der Muskulatur und zur Schulung der Reflexe. Sie trainieren die Propriozeption, so nennt man die Eigenwahrnehmung des Körpers, das heißt »die Wahrnehmung der Stellung und Bewegung des Körpers im Raum« (Pschyrembel). Sie ist verantwortlich für die Wahrnehmung, ob und wo gerade beispielsweise ein Bein steht oder ob es liegt. Man nimmt die Eigenwahrnehmung nicht unbedingt bewusst wahr. Diese Prozesse laufen unbewusst ab. Ohne sie gäbe es keine Körperbeherrschung – weder bei Artisten noch bei gewöhnlichen Menschen und auch nicht bei Hunden.

Durch die Operation ist diese Eigenwahrnehmung ein wenig durcheinander geraten. Bei Kira konnte man das deutlich merken: Nach der OP konnte sie nicht mehr wie

Balancieren ist eine gute Gleichgewichtsübung. Nur Vorsicht, dass der Hund nicht abrutscht!

vorher auf einem Baumstamm balancieren. Frau Bauer musste mit ihr ganz langsam wieder von vorn anfangen. Zunächst ließ sie sie auf dicken Stämmen mit sehr grober Rinde (damit sie nicht abrutscht) laufen, während sie sich dicht bei ihrer Hündin hielt, bereit, sie rasch festzuhalten, wenn sie fehltritt. Sicherheit geht immer vor. Vermeiden Sie unbedingt, dass Ihr Hund abrutscht und durch den Schreck womöglich ängstlich und unsicher wird.

Vielleicht muss auch Ihr Hund erst durch Übungen wieder richtig in seinem Körper zuhause werden?

Tipp:

Lassen Sie Ihren Hund öfter sitzen und Pfötchen geben. Denken Sie dran: er hat zwei Pfoten, die er abwechselnd geben kann.

Im Wald liegen manchmal Holzstöße. Wenn sie nicht zu hoch sind, kann Basco darüber laufen. Wenn Sie ein paar Brocken Futter obenauf verstecken, wird er langsam auf dem Stapel vorwärts und zurück gehen, während er schnuppert und frisst. Dabei wackelt schon mal ein Holzscheit, die Höhen sind unterschiedlich, er muss sich darauf einstellen und belastet alle vier Beine immer wieder anders. Bleiben Sie dicht bei ihm, damit Sie zupacken können, wenn er unsicher läuft. Stützen Sie ihn, bevor er das Gleichgewicht verliert.

Auf einem Holzstoß ist der Hund gezwungen, seine Beine immer wieder unterschiedlich zu belasten. Das schult die Eigenwahrnehmung.

Ihr Hund ist mittelgroß bis klein? Und Sie haben ein Trampolin? Nutzen Sie es doch einmal anders: Lassen Sie Chico vorsichtig hinaufsteigen – für einen sehr kleinen Hund nehmen Sie ein Brett als Rampe. Chico braucht eine Weile, bis ihm der ungewohnte Untergrund nicht mehr so ganz befremdlich vorkommt. Lassen Sie ihm Zeit. Er soll schließlich Freude am Erfolg haben und nicht auf Teufel komm raus eine Übung machen. Schaffen Sie es, dass er Weilchen auf dem Trampolin steht? Super. Großes Lob für die kleine Fellnase.

Nachdem Kira mit dem Trampolin vertraut war, hat Frau Bauer sich vorsichtig dazugestellt und ganz sacht gewippt. Stellen Sie sich das wie Hüpfen vor, nur bleiben die Fußsohlen dabei auf dem Trampolingewebe stehen. Es entsteht ein leises Auf und Ab, dabei muss der Hund die minimalen Schwankungen ausgleichen, um nicht umzufallen.

Nach ein wenig Eingewöhnung ist auch das Trampolin ein tolles Reha-Trainingsgerät. Bringen Sie den Hund darauf so leicht ins Wippen, dass er nicht hüpft, sondern nur die Schwankungen ausgleichen muss.

Isometrische Übungen

Bei isometrischen Übungen bewegt sich kein Muskel, wird nicht länger oder kürzer wie bei einer Bewegung (Hanteln heben, Fahrradpedale treten ...), sondern er ändert lediglich seine Spannung.

Sie können überall ohne Hilfsmittel üben, auch zu Hause. Das kräftigt die Muskeln, schult die Reflexe und ist immer segensreich: für den gesunden Hund zur Vorbeugung und nach der OP zur Kräftigung.

So geht's: Basco steht vor Ihnen, Sie legen eine flache Hand an seinen rechten Oberschenkel, die andere an seine rechte Schulter – und nun drücken Ihre beiden Hände leicht gegen seinen Körper. Ihr Kraftaufwand ist nur gerade so stark, dass Basco dagegen drückt, um nicht umzukippen, aber nicht so stark, dass er in Druckrichtung ausweicht. Der Hund bleibt am Fleck, er spannt lediglich die Muskeln gegen Ihren Druck an. Langsam bis fünf zählen – den Druck nachlassen – loben – das ist schon alles. Drei Mal hintereinander mehrmals täglich, auch mit Druck zur anderen Seite – ein gutes Programm.

Auf dem Trampolin geht es genauso, dabei wird noch zusätzlich der Gleichgewichtssinn gefordert.

Stehen auf drei Beinen

Ihr Hund steht auf sicherem Untergrund, Sie heben ein Bein nach dem anderen für ein paar Sekunden an. Lassen Sie sich am besten vom Tierarzt oder von der Physiotherapeutin zeigen, wie Sie das gelenkschonend machen.

Dasselbe auf dem Trampolin – aber bitte vorsichtig, damit der Hund ohne Panik sein Gleichgewicht finden und halten kann.

Pfötchengeben im Sitzen kann Ihr Hund schon. Verführen Sie ihn zum Pfötchengeben im Stehen. Üben Sie das auch mit der anderen Vorderpfote!

Im Schritt gehen

Schritt ist die langsamste Gangart. Der Hund setzt einen Fuß nach dem anderen auf, er kann dabei kein Bein durch einen Hopser auslassen und der Belastung eines Beins ausweichen – und genau deswegen ist das Schritt-Gehen eine gute Übung. Am besten klappt das, nachdem Sie bereits ein wenig gespielt oder etwas anderes geübt haben. Nehmen Sie Ihren Hund an die kurze Leine und gehen Sie gerade eben so schnell, dass er nicht in Trab fällt.

Wenn Sie das mit einem Kleinpudel üben, wird es vielleicht schwierig für Sie, weil Sie mit Ihren langen Beinen wirklich sehr langsam gehen müssen, damit Ihr Kleiner nicht zu traben beginnt. Keine Sorge: ein paar Minuten lang, das reicht.

Tipp:

Lassen Sie Ihren Hund möglichst oft auf weichen Untergründen laufen: auf Wiesen und Waldboden, durch Sand, durch Schnee und, wenn Sie einen Bachlauf in der Nähe haben, auch gern durch Wasser – das aber erst, wenn die OP-Wunde gut abgeheilt ist. Wenn Sie die Möglichkeit haben, Ihren Hund in einer Reithalle laufen zu lassen, nutzen Sie die Gelegenheit. Reithallen haben meist einen Boden (Hobelspäne, Sand oder Sand-Textil-Gemisch, Hackspäne u. Ä.), der für das Laufen Ihres Hundes optimal ist.

Bergauf gehen

Nutzen Sie viele Gelegenheiten, um aufwärts zu gehen: kleine und gern auch größere Böschungen zum Beispiel. Führen Sie Ihren Hund dabei an der kurzen Leine, damit er nicht in ein paar Sätzen hinaufspringt. Das Bergaufgehen im Schritt erfordert entschieden mehr Muskelkraft, deswegen sollten Sie es den schnelleren Gangarten vorziehen. Sie können gut beobachten, wie der Hund sich mit gekrümmten Rücken hocharbeitet und durch den größeren Kraftaufwand effektiver trainiert.

Anfangs üben Sie das Aufwärts-Gehen nur sparsam und erst dann verstärkt, wenn Sie einen gewissen Fortschritt im Training erreicht haben. Fragen Sie sicherheitshalber die Physiotherapeutin oder besprechen Sie sich mit Ihrem Tierarzt.

Variieren Sie die Übung, indem sie mal geradeaus hinaufgehen, mal diagonal oder im Zickzack. Das stärkt nicht nur die Muskeln Ihres Hundes, es »füttert« auch seine Nerven mit Informationen zur Propriozeption. Variieren Sie auch das Tempo – aber bitte immer so, dass der Hund noch im Schritt geht.

Schiefe Ebene

Die kurze schiefe Ebene ist vielfältig einsetzbar. Einerseits ist sie eine hervorragende Einstieghilfe, andererseits kann man sie für ein intensives Training der Hinterhand nutzen. Sie können auf dem Bild deutlich erkennen, dass der Hund auf dem Brett zwangsläufig einen langen, raumgreifenden Schritt mit der Hinterhand machen muss. Durch die Schwerpunktverlagerung liegt das Gewicht auf der Hinterhand. Bitte sorgen Sie immer dafür, dass der Hund gut gegen Abrutschen und Fehltreten gesichert ist – etwa eine seitliche Begrenzung durch ein Geländer wie auf dem Foto, durch eine Wand oder eine Person, denn das Abrutschen birgt immer eine gewisse Verletzungsgefahr.

Eine Einstiegrampe fürs Auto kann gut als »schräge Ebene« zum Training der Hinterhand genutzt werden. Achten Sie darauf, dass sie breit genug und gegen seitliches Abrutschen gesichert ist.

Enge Wendungen

Enge Wendungen, auch als Volten bekannt, gehören zum Aufwärmprogramm. Sie helfen, Verspannungen im Rückenbereich aufzudehnen, und zusätzlich muss der Hund die nach innen gerichtete Hintergliedmaße belasten und umsetzen. Ein Ausweichen bzw. Entlasten ist bei dieser Übung ausgeschlossen. Die Volte ist auch ein Gradmesser für den Gesundungs-Zustand der Hintergliedmaße: setzt der Hund sau-

Enge Wendung.

ber die Füße auf, wird's besser; versucht er, der Bewegung auszuweichen, so ist das entweder schmerzhaft, oder der Hund hat sich die Schonhaltung zu sehr angewöhnt.

Übungen im Trab

Beginnen Sie im Schritt-Tempo und beschleunigen Sie allmählich, bis Basco trabt:

- Gehen Sie mit ihm geradeaus,
- in großzügig bemessenem Slalom (stellen Sie sich vor, die Maulwurfshügel oder Bäume seien Slalomstangen) oder
- laufen Sie großzügige Achter (auch dazu eignen sich Maulwurfshügel).

Rückwärts gehen

Wenn Ihr Hund das noch nicht kennt, beginnen Sie mit Bei-Fuß-gehen, am besten dicht an einem Zaun entlang. Nach ein paar Metern bleiben Sie stehen und locken ihn mit einem Futterbrocken, den Sie über seine Nase halten und ein wenig nach hinten bewegen. Damit er sich nicht hinsetzt, rucken Sie dabei leicht (!) am Brustgeschirr, bis er ein Schrittchen rückwärts macht. Geben Sie ihm sofort den Futterhappen und loben Sie ihn. Wiederholen Sie das immer mal wieder, bis er schließlich ein paar Schritte rückwärts läuft. Es ist egal, ob sie ihm dazu das Wort »zurück« sagen oder »back« – Hauptsache, Sie freuen sich beide am Erfolg.

Tanzbär

Das geht so:

- Basco steht vor Ihnen und schaut Sie an.
- Gehen Sie in die Knie und heben Sie seine Vorderpfoten leicht an.
- Das wiederholen Sie öfter, damit er sich daran gewöhnt.
- Dann probieren Sie, ob Sie sich (mit seinen Pfoten in den Händen) ein klein wenig aufrichten können – nur so weit, dass Ihr Hund noch nicht aufrecht steht.
- Gehen Sie ein, zwei Schritte rückwärts, Basco läuft vorwärts – loben Sie ihn.
- Bei späteren Wiederholungen verlängern Sie sacht die Strecke und heben Sie Bascos Pfoten ganz allmählich höher.

Betont die Füße anheben

Stolzieren wie ein Storch im Salat muss Ihr Hund nicht, aber er soll die Füße gut anheben und nicht latschen. Legen Sie etliche dicke Scheite Kaminholz auf den Weg – wie eine flachgelegte Leiter sieht das aus – und führen Sie Ihren Hund an der kurzen Leine darüber. Die Scheite haben den richtigen Abstand, wenn der Hund mit jedem Schritt ein Scheit übersteigt. Wenn die Strecke für seine Schrittlänge passt, gehen Sie sie mehrmals mit ihm. Achten Sie darauf: Hopsen gilt nicht.

Für Ihren Kleinpudel könnte vielleicht eine im Haushalt vorhandene Leiter reichen, die Sie auf die Terrasse oder in den Korridor legen. Führen Sie Ihren Hund so über das Hindernis, dass er mit jedem oder jedem zweiten Schritt über eine Sprosse steigt. Steigt – nicht springt! Das ist kein Hindernisrennen und kein Hürdenlauf.

Oder Ihre Kinder mitsamt der Kindergartenclique sitzen, Rücken an der Wand, mit gegrätschten Beinen nebeneinander, und Ihr Hund übersteigt alle Kinderbeine.

Hindernislauf im Schritt ...

... und im Trab über niedrige Hürden ist ein sehr gutes Muskel- und Koordinationstraining.

Haben Sie einen Maschendrahtzaun? Legen Sie in Abständen längere, etwa besenstieldicke Stöcke mit einem Ende in die Maschen, das andere Ende liegt auf dem Boden auf. Über diese schräg liegenden Stäbe lassen Sie Ihren Hund (im Schritt) gehen, und je nachdem, wie dicht Sie ihn am Zaun entlang führen, muss er die Füße mehr oder weniger stark anheben. Mehr ist besser.

Tipp:

Probieren Sie einmal aus, wie Basco reagiert, wenn Sie ihm eine Schleife an das nicht operierte Bein binden oder das Katzenhalsband mit Glöckchen oder ein Stück von dem Theraband, mit dem Sie vor Jahren Gymnastik gemacht haben. Manche Hunde sind irritiert und heben das Bein mit der Schleife bei jedem Schritt besonders hoch. Das ist super! Nutzen Sie diese Reaktion, binden Sie Basco etwas ans Bein und führen Sie ihn über Stäbe oder Holzscheite. Oder geben Sie ihm einen Snack-Ball (s. »Hilfreiches Zubehör«), den er unermüdlich durch die Wohnung schubst, weil alle paar Schritte ein Futterbrocken herausfällt.

Sie können ein Stück altes Theraband dazu nutzen, Ihrem Hund eine Schleife ans Bein zu binden und ihn damit zum verstärkten Anheben dieses Beins zu motivieren.

Vorsicht:

Am besten ist ein Snack-Ball aus Gummi, der nicht zersplittert, wenn der Hund drauf beißt. Der Ball muss unbedingt so groß sein, dass Ihr Hund ihn nicht verschlucken kann. Und die Futterbröckchen sollten so groß sein, dass sie zwar herausfallen, jedoch nicht bei jeder Drehung des Balls und nicht mehrere auf einmal.

Kira liebt ihr Abendritual im Schritt-Gehen: nach dem letzten Spaziergang füllt Frau Bauer einen Snack-Ball mit dem Rest der Tagesration. Nach einer Weile Muskelaufbautraining befestigt sie eine Gewichtsmanschette (s. »Hilfreiches Zubehör«) an den Hinterfüßen, um den Übungseffekt zu erhöhen.

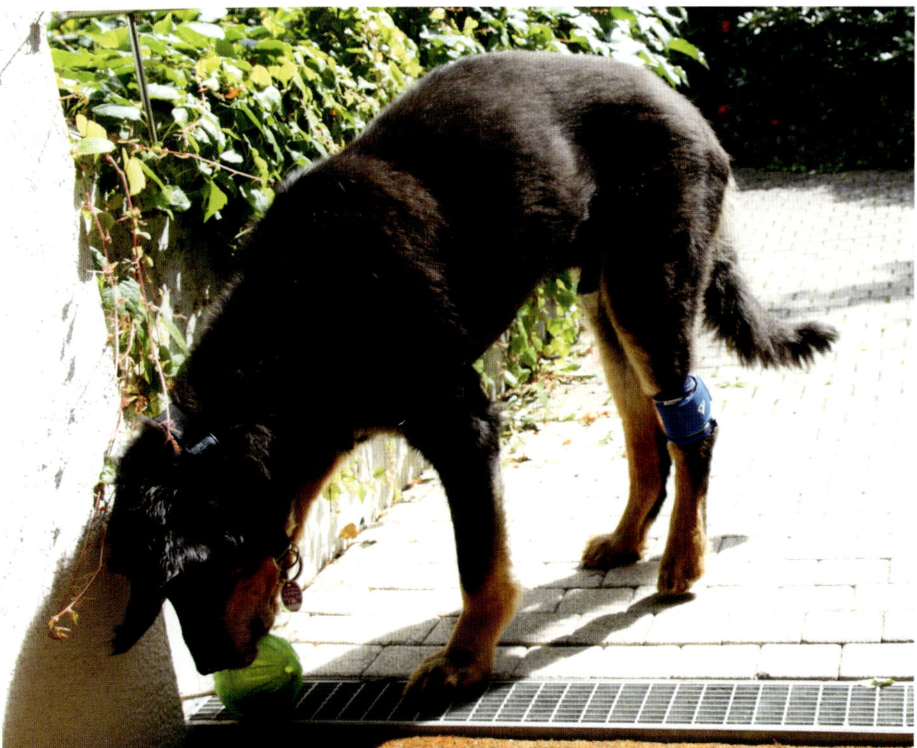

Der Snack-Ball sorgt für Beschäftigung und Bewegung, während die Gewichtsmanschette den Hund dazu bringt, das Bein höher zu heben und stärker zu trainieren.

Schwimmen...

... ist optimal – aber natürlich erst, wenn die OP-Wunde gut verheilt ist. Nutzen Sie Seen und Flüsschen, wo immer Sie sie finden und wenn sie für Hunde erlaubt (oder wenigstens nicht verboten) sind.

Achtung:

Der Ein- und Ausstieg muss unbedingt sanft sein, keinesfalls steil.

Haben Sie im Keller noch ein altes Kinderplanschbecken? Sie könnten es, ausreichend warmes Wetter vorausgesetzt, für Ihren kleinen Hund auf die Terrasse stellen. Ziehen Sie eine Bade-Ente an einer Schnur übers Wasser, der Hund darf die Beute fangen. Kleine Jagderfolge steigern die Motivation.

Vorsicht:

Planschbecken sind oft zu glatt für Hunde. Wenn Ihr Hund ausrutscht, kann er sich wehtun oder gar verletzen und die Lust verlieren. Mit Anti-Rutscheinlagen für Badewannen oder Duschen beugen Sie dem vor.

Basco schwimmt gern, aber es gibt nur einen sehr kleinen Tümpel in der Nähe? Werfen Sie ein Futterstückchen (sofern es schwimmt) ins Wasser so weit Sie können, Basco schwimmt hin, schnappt es sich, und da werfen Sie schon das nächste in die andere Richtung usw. Auf die Weise kreuzt er eine ganze Weile durchs Wasser.

Nicht vergessen:

Apportieren oder Fressen beim Schwimmen führt ggf. dazu, dass der Hund große Mengen Wasser schluckt. Er muss in den folgenden Stunden womöglich öfter als gewohnt zum Pinkeln raus.

Ihr Hund liebt Apportieren? Dann ist für ihn eine unsinkbare Frisbee-Scheibe oder Dog-Disc (s. „Hilfreiches Zubehör") zum Aus-dem-See-Holen optimal. Wenn Sie eine Scheibe kaufen, bedenken Sie bei der Farbauswahl, dass Hunde eine helle Farbe auf dunklem Grund leichter erkennen und dass sie Rot auf Grün gar nicht gut unterscheiden können. Gelb und lebhaftes Blau sind optimal.

Apportieren aus dem Wasser ist Spaß und Training zugleich. Hunde können blaue Dummies besser sehen als rote.

Vorsicht:

An Land ist das Werfen von Stöckchen, Bällen oder Discs absolut tabu, weil sie den Hund zu plötzlichen Stopps, Richtungswechseln und Sprüngen animieren. Wenn Sie im Wasser Bälle benutzen: Meiden Sie Tennisbälle – sie schwimmen zwar und sind gut sichtbar, sind jedoch mit einem Material umhüllt, das die Zähne abschleifen kann. Achten Sie darauf, dass der Ball ausreichend groß ist, damit er nicht im Rachen stecken bleibt: der Hund kann daran ersticken. Für einen Schäferhund kann bereits ein tennisballgroßer Ball verhängnisvoll sein.

Zugtraining

Sprechen Sie unbedingt mit der Physiotherapeutin oder dem Tierarzt, bevor Sie mit dem Ziehen beginnen, und steigern Sie Gewicht und Dauer nur langsam.

Das Ziehen als Training ist einfach. Wenn die OP-Wunde gut verheilt ist, können Sie nach Rücksprache mit dem Tierarzt beginnen. Sie befestigen am Brustgeschirr zunächst eine kleinere Last, die nun hinter Ihrem Hund auf dem Boden schleift, zum Beispiel ein Holzscheit an einem ausreichend langen Seil o. Ä. fünf Minuten zweimal täglich reichen zu Beginn völlig aus.

Ziehen ist ein gutes Muskeltraining – es muss ja nicht gleich ein Wagen sein. Steigern Sie Gewicht und Dauer nur langsam.

Überfordern Sie Ihren Hund nicht – berücksichtigen Sie seine Größe. Sprechen Sie unbedingt mit dem Tierarzt oder der Physiotherapeutin.

Vorsicht:

Ihr Hund darf nur auf der Ebene oder bergauf ziehen: Bergab würde ihm das Gewicht von hinten in die Beine schlagen und ihm gründlich die Laune verderben. Da tragen Sie das Gewicht lieber selbst, das ist sicherer.

Frühestens vier Wochen nach der Operation können Sie mit den beiden folgenden Übungen beginnen und langsam steigern:

Treppen steigen

ist eine gute Übung, um buchstäblich en passant den Hinterbein-Strecker zu kräftigen. Beginnen Sie langsam mit eher flachen Stufen, später wählen Sie steilere.

Achtung:

Sorgen Sie dafür, dass der Hund wirklich Schritt für Schritt hochsteigt, dass er kein Bein auslässt und dass er nicht springt oder hoppelt.

Bevor die Vier-Wochen-Frist um ist, darf Ihr Hund lediglich die Treppe zum Tierarzt und die Treppe zur Physiotherapeutin hinauf- oder hinuntergehen – und zwar kontrolliert, d. h. im Brustgeschirr und an der sehr kurzen Leine gehalten.

Sitz!-und-steh!-Übungen

Geben Sie beim Spaziergang öfter den Befehl Sitz! und lassen Sie Ihren Hund sich hinsetzen und zügig wieder aufstehen. Er stemmt sich dabei aus der Hinterhand hoch – das trainiert den Hüft- und den Kniestrecker.

Dasselbe mit dem Befehl Platz!. Der Hund sollte gerade liegen wie die Sphinx und sich zügig hochstemmen.

Während er sitzt, schauen Sie, ob beide Hinterbeine in der gleichen Stellung sind oder ob er vielleicht ein Bein nach außen wegstreckt. Streckt er beispielsweise das linke Bein nach außen, führen Sie ihn mit der linken Körperseite an einer Wand entlang und lassen ihn wiederholt so dicht an der Wand absitzen, dass er das linke Bein nicht mehr wegspreizen kann. Loben Sie ihn, wenn er korrekt sitzt, auch wenn er das nur wegen der seitlichen Begrenzung tut. Sprechen Sie auf jeden Fall die Physiotherapeutin darauf an; sie weiß sicher, was zu tun ist, um eine dauerhafte Fehlhaltung zu vermeiden oder wenigstens zu mildern.

Ihr Hund sitzt und Sie halten ihm einen Futterbrocken über die Nase, noch ein Stückchen höher – bis er »Männchen« macht (mit erhobenen Vorderpfoten sitzt). Finden Sie das albern? – Macht nichts. Es ist auf jeden Fall eine gute Übung.

Sphinxhaltung – gleichmäßige Winkelung der Gliedmaßen.

Zum Schluss

Wir haben uns bemüht, die Übungen zum Muskelaufbau verständlich zu beschreiben. Die Fotos helfen Ihnen hoffentlich, sich die Übungen bildlich vorzustellen, und wenn Sie sich unterwegs daran erinnern, fällt es Ihnen sicher leichter, eine Übung entsprechend der Umgebung zu variieren.

Immer dasselbe ist doof – auch für Hunde. Weil immer wieder die gleichen Übungen nötig sind, müssen Sie sie variieren. Manchmal reicht schon eine andere Art Belohnung (Apfelschnitze statt Trockenfutter) oder ein anderes Spielzeug. Ihr Hund liebt alles, was quietscht? Dann nehmen Sie ein Quietsche-Teil mit! Wenn Basco keine rechte Lust mehr hat, lassen Sie ihn eine einzige kleine Übung machen, ein Sitz! reicht schon, und er darf zur Belohnung eine Weile auf dem Quietsche-Teil herumkauen. Das bringt neuen Schwung.

Mit einem Hund bei der Physiotherapie Spaß zu haben, ist wirklich nicht schwer. Menschen sind in der Hinsicht viel komplizierter. Und nicht nur da. Aber das ist ein anderes Thema.

Wir wünschen Ihnen viel Erfolg und Freude beim gemeinsamen Tun – und Ihrem Hund alles erdenklich Gute für seine Rekonvaleszenz.

14. Anhang

Hilfreiches Zubehör und nützliche Adressen

Brustgeschirr

im gut sortierten Fachhandel
»Allsafe Hunde Sicherheitsgurt«, TÜV-geprüft, auch für Hunde im Auto geeignet z. B. bei:
http://www.kleinmetall.de/
http://www.zooplus.de

Clicker

Unter www.spass-mit-hund.de und dort unter »Clicker-Welt« finden Sie eine gute Einführung ins Clicker-Training.
Sehr interessant ist auch diese Seite: http://www.cairn-energie.de/click1.html

Cold-/Hot-Packs

erhältlich in Apotheken und Drogerien

Drinnen-Spiele

Anregungen finden Sie im Internet z. B. unter http://www.spass-mit-hund.de/ . Bedenken Sie dabei unbedingt, dass nur Spiele ohne springen und rennen erlaubt sind!

Einstieghilfen

»Schmidt Einstieghilfe« in 3 Größen über http://www.dog-box.eu/
http://www.hunde-rampe.de
Trixie Alu Hunderampe – in Hundefachgeschäften
kleine Ein- oder Aufstiegs-Hilfen für Mini-Hunde – z. B. www.hundetreppe.de

Futterdummy

zu kaufen in Hundefachgeschäften oder unter der Bezeichnung »preydummy« über www.natural-dogmanship.de

Gewichtsmanschetten

Gewichtsmanschetten für menschliche Handgelenke gibt's im Sportgeschäft, in Sportabteilungen der Kaufhäuser u. Ä. oder www.benecura.de

Achtung: Der Klettverschluss sollte das Hundebein umschließen und weich genug sein, dass es nicht drückt. Das Gewicht wählen Sie nach Rücksprache mit dem Tierarzt oder der Physiotherapeutin.

Hunderollis, Prothesen, Orthesen ...

Tragehilfen, Kopf- und Pfotenschutz, Wundschutz usw.
in USA:
http://www.skyprosthetics.com/

in Deutschland:
http://www.k-9orthotics.com/
http://www.hunderolli-tierorthopaedie.de/
http://www.petsupport.de/

Kindertreppengitter, Treppenschutzgitter usw.

ggf. im Second-Hand-Shop
im Versandhandel und in der Kinderabteilung von Kaufhäusern

Kong

erhältlich im guten Hunde-Fachhandel
Rezept-Ideen zum Befüllen finden Sie z. B. im Internet unter
http://www.cairn-energie.de/

Leckerchen-Ball, Snackball

z. B. »Boomer Futterball für Hunde«, aus Vollgummi, im guten Fachhandel

Wasserarbeit

http://www.wasserarbeitshunde.de/neu/html/wasserarbeit.html

Wurfscheiben

gibt's im Hundefachhandel. Wichtig, dass die Scheiben weich sind und beim Fangen dem Hund keinen Zahn abschlagen können. Gut ist auch, wenn das Material bei Kälte nicht hart wird und splittert.

Fachliteratur

Pschyrembel, Klinisches Wörterbuch
261. Auflage
Verlag Walter de Gruyter

Leo Brunnberg:
Lahmheitsdiagnostik beim Hund
Parey Verlag, 1999

Andere Bücher:

Backen für den Hund:

Ingeborg Pils: Sitz, platz, Plätzchen – Backen für den Hund, Parragon Verlag

Martina Schöps: Meine Kekse! Rezepte für gesunde und allergenfreie Hundebelohnungen, Kynos Verlag

Begleithundeausbildung:

Uta Reichenbach und Garbiele Lehari: Der zuverlässige Begleithund: Von der Welpenerziehung bis zur Begleithundeprüfung
Verlag Oertel & Spörer

Beschäftigung während der tobefreien Zeit:

Mary Ray & Justine Harding: Dog Tricks. Clevere Spaßspiele für jeden Hund
Kynos Verlag

Viviane Theby: Die Hunde-Uni, Kynos Verlag

Ernährung:

www.barfers.de
Barbara Messika/Sabine Schäfer: B.A.R.F. – Artgerechte Rohernährung für Hunde. Ein praktischer Ratgeber, Kynos Verlag
B.A.R.F. Junior. Argerechte Rohernährung für Welpen und Junghunde.
Kynos Verlag

Futterdummy:
Jan Nijboer: Hunde erziehen mit Natural Dogmanship, Kosmos Verlag
Viviane Theby & Lisa Peitz: Dummytraining Schritt für Schritt. Kynos Verlag

Hundesport:
Imke Niewöhner: Obedience-Training Schritt für Schritt. Kynos Verlag

Unarten nach langer Bewegungseinschränkung:
Pia Gröning und Ariane Ullrich: Antijagdtraining. Wie man Hunde vom Jagen abhält, MenschHund! Verlag
Monika Gutmann: Mit 10 Metern zum Erfolg: Schleppleinentraining - so geht's, Cadmos Verlag

Index

Wir haben festgestellt, dass wir beide die immer noch gebräuchlichen »/Innen«-Anhängsel zur sprachlichen Gleichberechtigung weiblicher und männlicher Berufskollegen nicht mögen. »Innenarchitekt/Innen« beispielsweise empfinden wir als sprachlich unschön. Nach kurzer Beratung sind wir übereingekommen, dass wir das Gleichgewicht der Geschlechter auf sehr einfache Weise wahren: Wir sprechen von Hundephysiotherapeutinnen, wohl wissend, dass es auch männliche Hundephysiotherapeuten gibt, und von Tierärzten, durchaus eingedenk der Tatsache, dass es in diesem Beruf zunehmend mehr Frauen gibt.

Falls sich irgendjemand daran stört, bedauern wir dies aufrichtig.

Danksagung

Unser Dank gilt Frau Dr. med. vet. Anke Lotze, Stuttgart, die einen entscheidenden Anstoß zu diesem Buch gab, und der Tierärztin Petra Morlock, Stuttgart, die immer mit Rat und Tat zur Seite stand.

Vor allem bedanken wir uns bei unseren Hunden: Dago, Kalypso, Argos und all den anderen, mit denen Barbara Friedrich gelebt und gearbeitet hat, Dr. Kirsten Häuslers viel zu früh verstorbener Hündin Nala, die sie vieles gelehrt hat, und natürlich ihren beiden jetzigen Hunden Itchy und Dexter.

Viviane Theby und Michaela Hares

Das große Schnüffelbuch

Nasenspiele für Hunde

Hunde haben eine faszinierend gute Nase – Ihrer auch!
Warum den so wichtigen Geruchssinn nicht nutzen, um den Vierbeiner artgerecht und abwechslungsreich zu beschäftigen? Hier lesen Sie, wie Sie und Ihr Hund fantasievoll, kreativ, offen und mit immer neuen Herausforderungen in die spannende Welt der Gerüche eintauchen. Sie werden viel Spaß haben, Ihre Zusammenarbeit verbessern und vor allem staunen, zu was Ihr Hund alles fähig ist!

Unsere Erfolgstitel »Schnüffelstunde« und »Wir schnüffeln weiter«, komplett überarbeitet und ergänzt, in einem Band!

152 Seiten, Hardcover, Durchgehend farbig

ISBN 978-3 942335-01-0
20,50 € (A) 34,50 CHF **19,90€**

Viviane Theby

Die Hunde-Uni

Schlaue Aufgaben für schlaue Hunde

Pfote geben und Rolle kann Ihr Hund schon? Hier sind Ideen für alle, die neue Herausforderungen suchen. Sie werden staunen, zu was Ihr Hund alles fähig ist! Ob Formen unterscheiden, »Zeig das Größte« oder »Guck ab«: Hier wird klar, dass nicht die Intelligenz der Hunde, sondern unser Können als Trainer die Grenzen des Möglichen bestimmt.

Softcover, 144 Seiten, durchgehend farbig.

ISBN: 978-3-938071-64-9
17,40 € (A) 29,50 CHF **16,90 €**

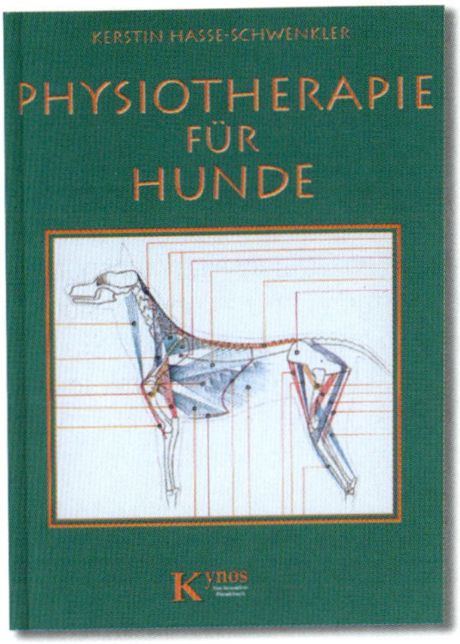

Gaby Haag

Naturheilpraxis für Hunde

Ein Handbuch, das sowohl die Grundprinzipien der einzelnen Therapieformen erklärt als auch eine wertvolle Nachschlagehilfe bei verschiedenen Erkrankungen bietet. Bespricht Homöopathie, Schüssler Salze, Bachblüten, Komplexmittel, Akupressur, Kräuter, Farb- und Musiktherapie, Kinesiologie, Massage und bewährte Hausmittel.

Hardcover, 340 Seiten, durchgehend farbig

ISBN: 978-3-933228-82-6

35,80 € (A) 56,90 CHF **34,80 €**

Kerstin Hasse-Schwenkler

Physiotherapie für Hunde

Ein Standardwerk nicht nur für Tierheilpraktiker und Tierphysiotherapeuten, sondern auch für den Hundebesitzer, der mehr über die Wirkungsweise und Anwendungsmöglichkeiten der Physiotherapie lernen möchte. Die einzelnen Handgriffe werden auf zahlreichen Fotos anschaulich und nachvollziehbar dargestellt. Umfasst Krankengymnastik, Bewegungstherapie, Massage, Wasser-, Wärme- und Kälteanwendung und Reizstromtherapie.

Hardcover, 253 Seiten, durchgehend farbig.

ISBN: 978-3-933228-53-6

35,80 € (A) 56,90 CHF **34,80 €**

Unser Gesamtverzeichnis mit über 250 Titeln finden Sie unter: Kynos Verlag Dr. Dieter Fleig GmbH
Konrad-Zuse-Straße 3 • 54552 Nerdlen/Daun
Fon 0049 (0)6592 957389-0
Fax 0049 (0)6592 957389-20
oder unter info@kynos-verlag.de
www.kynos-verlag.de